山东管理学院学术著作出版基金资助出版

烧结钕铁硼永磁合金的微观组织、性能和耐蚀工艺

丁　霞　著

·北京·

图书在版编目（CIP）数据

烧结钕铁硼永磁合金的微观组织、性能和耐蚀工艺 / 丁霞著. —北京：科学技术文献出版社，2018.12（2023. 8重印）
ISBN 978-7-5189-5073-7

Ⅰ. ①烧… Ⅱ. ①丁… Ⅲ. ①烧结—钕铁硼—硬磁合金—研究 Ⅳ. ① TM273

中国版本图书馆 CIP 数据核字（2018）第 282364 号

烧结钕铁硼永磁合金的微观组织、性能和耐蚀工艺

策划编辑：张　丹　　责任编辑：李　鑫　　责任校对：文　浩　　责任出版：张志平

出 版 者　科学技术文献出版社
地　　址　北京市复兴路15号　邮编 100038
编 务 部　（010）58882938，58882087（传真）
发 行 部　（010）58882868，58882870（传真）
邮 购 部　（010）58882873
官方网址　www.stdp.com.cn
发 行 者　科学技术文献出版社发行　全国各地新华书店经销
印 刷 者　北京虎彩文化传播有限公司
版　　次　2018年12月第1版　2023年8月第5次印刷
开　　本　710×1000　1/16
字　　数　151千
印　　张　9
书　　号　ISBN 978-7-5189-5073-7
定　　价　42.00元

前　言

以 $Nd_2Fe_{14}B$ 化合物为基的烧结钕铁硼永磁合金具有高剩磁、高磁能积和高内禀矫顽力的特点，是第三代稀土永磁材料。烧结钕铁硼永磁合金以铁为基，不含贵重元素钐（Sm）和钴（Co），而稀土元素钕在自然界的丰富度是钐元素的10倍以上，因此成本较低。烧结钕铁硼永磁合金是一种能量密度很高的储能材料，利用它可以实现能量与信息的高效转化，因而特别适用于制备高性能、小型化和轻量化的永磁材料零部件。近年来，已在电机、通信、信息、风力发电、新能源车等许多领域得到广泛应用。

本书从晶界改性和表面改性两方面入手，通过优化时效工艺改善烧结钕铁硼永磁合金的磁性能，并通过在其表面制备磷酸盐化学转化膜来提高其耐蚀性。对N40HCE型烧结钕铁硼永磁合金进行时效工艺优化，以确定其最佳时效工艺参数。在此基础上，研究时效工艺对磁体的力学性能和耐蚀性影响。为提高耐蚀性，利用化学转化法在烧结钕铁硼永磁合金表面制备磷酸盐化学转化膜。通过工艺试验确定适宜的工艺参数；通过扫描电镜、能谱仪、红外光谱分析仪、X射线衍射仪、高分辨透射电镜及电化学工作站等现代表征方法对转化膜的形貌、成分、官能团、相结构及电化学性能进行系统的检测和分析。为确定选用适宜的预处理酸洗液，在进行烧结钕铁硼永磁合金化学转化处理前，研究了磁体在盐酸溶液、硝酸溶液和磷酸溶液中的腐蚀行为。

综合实验的结果表明，N40HCE型烧结钕铁硼永磁合金的优化时效工艺参数：850 ℃×2 h + 530 ℃×2 h。经优化时效工艺处理后，烧结钕铁硼永磁合金中的晶界富钕相由原来在 $Nd_2Fe_{14}B$ 主晶相晶粒的交隅处呈块状分布转变成沿 $Nd_2Fe_{14}B$ 主晶相晶粒边界呈连续均匀的薄层状分布，起到了去交换耦合的作用，因此使磁体的内禀矫顽力从13.11 kOe 提高到17.05 kOe。但是经优化时效工艺处理后，烧结钕铁硼永磁合金的抗拉强度和抗压强度降低，脆性增加。这是由于晶界富钕相的形态和分布变化导致 $Nd_2Fe_{14}B$ 主晶相晶粒间滑动阻力减少，弱化了晶界结合强度。优化时效工艺处理还会降低磁体的耐蚀性，这与时效处理后的三维网络状晶界富钕相形成快速腐蚀通道、加速磁体的腐蚀有关。

采用声发射检测技术结合维氏硬度压痕法对烧结钕铁硼永磁合金进行了脆性定量检测，测量所得的声发射能量累积计数值（E_n）与维氏硬度载荷（P）及维氏硬度压痕的表观裂纹总长度（L）与维氏硬度载荷（P）之间均呈线性关系，且分析结果一致，因此采用 E_n–P 直线的斜率（K）作为表征烧结钕铁硼永磁合金脆性的定量指标是合理、可行的。

研究烧结钕铁硼永磁合金在盐酸溶液、硝酸溶液和磷酸溶液中的腐蚀行为发现，在近似的氢离子浓度下烧结钕铁硼永磁合金在盐酸溶液中的腐蚀速率最大，在磷酸溶液中的腐蚀速率最小。磁体在盐酸溶液和硝酸溶液中腐蚀均能有效去除其表面氧化层，但盐酸溶液对晶界富钕相的腐蚀作用明显。磁体在硝酸溶液中腐蚀行为主要是对 $Nd_2Fe_{14}B$ 主晶相的腐蚀，而对晶界富钕相的腐蚀作用不明显。磁体在磷酸溶液中腐蚀时会在其表面形成一层块状磷酸盐产物，不能有效去除磁体表面的氧化层。磁体在硝酸溶液中腐蚀对其磁性能的综合影响最小。所以，硝酸溶液更适宜作制备烧结钕铁硼永磁合金防护镀层前预先酸洗处理的酸洗液。

烧结钕铁硼永磁合金表面磷酸盐化学转化处理的转化液适宜 pH

为 1.00～1.50。当转化液的 pH 升高到 2.00 时，几乎无转化膜生成；当转化液的 pH 升高到 2.50 时，转化液中的成膜离子会在磁体表面形成柱状析出物；当转化液的 pH 为 0.52 时，虽然有转化膜生成，但是转化膜的晶粒粗大、耐蚀性较差，并且还会导致磁体的磁性能严重降低。转化膜的膜重随着转化液 pH 的升高而逐渐减小。转化膜主要由镨的磷酸盐、钕的磷酸盐和少量铁的磷酸盐组成。随着转化液的 pH 升高，磷酸钕和磷酸镨的含量不断减少，而磷酸铁的含量不断增多。在 pH 分别为 1.00、1.36 和 1.50 的转化液中制备转化膜的耐蚀性最好。经磷化处理后，烧结钕铁硼永磁合金的磁性能呈现降低趋势。当转化液的 pH 为 0.52 时，磁性能降幅最大；而在其他 pH 条件下，磁体的磁性能降幅较小。

当转化液的 pH 为 1.00 时，在 50 ℃、60 ℃、70 ℃、80 ℃和 90 ℃进行磷化处理均能在烧结钕铁硼永磁合金表面生成磷酸盐化学转化膜。转化膜的膜重随转化温度升高而略有增加。在不同温度下制备的磷酸盐化学转化膜都能有效提高烧结钕铁硼永磁合金的耐蚀性。其中，在 70 ℃制备转化膜的耐蚀性相对较好，而且对磁性能的影响较小。转化液的 pH 为 1.00 时，70 ℃是制备烧结钕铁硼永磁合金表面磷酸盐化学转化膜的最佳转化温度。

目　录

第一章　绪　论 …………………………………………………………………… 1

1.1　烧结钕铁硼永磁合金概述 ………………………………………………… 1

1.2　烧结钕铁硼永磁合金的结构和性能 …………………………………… 2

1.2.1　烧结钕铁硼永磁合金的相图与组成相 …………………………… 2

1.2.2　烧结钕铁硼永磁合金的磁学性能 ………………………………… 5

1.2.3　烧结钕铁硼永磁合金的力学性能 ………………………………… 11

1.2.4　烧结钕铁硼永磁合金的腐蚀行为 ………………………………… 13

1.3　烧结钕铁硼永磁合金的腐蚀防护技术 ………………………………… 15

1.3.1　磁体的耐蚀性 ……………………………………………………… 15

1.3.2　表面防护技术 ……………………………………………………… 17

1.4　化学转化技术及其进展 ………………………………………………… 20

1.4.1　化学转化技术的分类 ……………………………………………… 21

1.4.2　化学转化技术的原理 ……………………………………………… 23

1.4.3　烧结钕铁硼永磁合金的表面转化膜 ……………………………… 25

1.4.4　化学转化技术的应用 ……………………………………………… 27

1.5　现存主要问题 …………………………………………………………… 28

1.6　主要研究内容 …………………………………………………………… 29

第二章　试验内容与方法 …………………………………………………………… 30

2.1　基体材料、化学试剂与实验仪器 ……………………………………… 30

2.1.1　基体材料 …………………………………………………………… 30

2.1.2　化学试剂与实验仪器 ……………………………………………… 30

2.2 时效处理 …… 32
2.3 酸洗处理 …… 33
2.4 化学转化处理 …… 33
2.4.1 化学转化液的配制 …… 33
2.4.2 化学转化液的表征 …… 33
2.4.3 化学转化工艺 …… 34
2.5 材料表征与分析方法 …… 35
2.5.1 磁学性能表征 …… 35
2.5.2 力学性能表征 …… 35
2.5.3 耐蚀性能表征 …… 38
2.5.4 显微组织观察 …… 40
2.5.5 相结构分析 …… 40
2.5.6 差热分析 …… 41
2.5.7 转化膜的膜重分析 …… 42
2.5.8 红外吸收光谱分析 …… 42
2.5.9 结合强度分析 …… 42
2.5.10 转化膜的润湿性分析 …… 43
2.5.11 转化膜的摩擦性能分析 …… 44

第三章 时效处理对烧结钕铁硼永磁合金的性能影响 …… 45

3.1 时效工艺优化 …… 45
3.1.1 低温时效工艺优化 …… 47
3.1.2 高温时效工艺优化 …… 48
3.1.3 分析讨论 …… 51
3.2 时效处理对烧结钕铁硼永磁合金的力学性能影响 …… 54
3.2.1 强度 …… 54
3.2.2 硬度 …… 55
3.2.3 脆性 …… 56
3.2.4 分析与讨论 …… 59
3.3 时效处理对烧结钕铁硼永磁合金的耐蚀性能影响 …… 61

3.3.1　静态全浸腐蚀性能 …… 62
3.3.2　电化学腐蚀性能 …… 63
3.3.3　分析与讨论 …… 66
3.4　本章小结 …… 67

第四章　烧结钕铁硼永磁合金在酸溶液中的腐蚀行为 …… 69

4.1　腐蚀过程 …… 69
4.2　对烧结钕铁硼永磁合金的形貌影响 …… 70
4.2.1　宏观形貌 …… 70
4.2.2　微观形貌 …… 71
4.3　腐蚀速率测量与分析 …… 73
4.4　对烧结钕铁硼永磁合金的磁性能影响 …… 74
4.5　本章小结 …… 76

第五章　转化液 pH 对烧结钕铁硼永磁合金表面磷酸盐化学转化膜的组织和性能影响 …… 77

5.1　pH 转化液的酸度 …… 77
5.2　pH 对膜厚与膜重的影响 …… 78
5.3　pH 对转化膜的形貌影响 …… 79
5.3.1　对宏观形貌的影响 …… 79
5.3.2　对微观形貌的影响 …… 80
5.4　pH 对界面结构的影响 …… 85
5.5　不同 pH 转化液中官能团和相结构表征 …… 88
5.6　pH 对转化膜的性能影响 …… 90
5.6.1　耐蚀性 …… 90
5.6.2　润湿性 …… 94
5.6.3　磁性能 …… 96
5.7　烧结钕铁硼永磁合金的表面复合涂层 …… 98
5.8　本章小结 …… 100

第六章　转化温度对烧结钕铁硼永磁合金表面磷酸盐化学转化膜的组织和性能影响 …… 102
6.1　对膜厚与膜重的影响 …… 102
6.2　对转化膜的形貌影响 …… 103
6.2.1　宏观形貌 …… 103
6.2.2　微观形貌 …… 103
6.3　官能团表征 …… 106
6.4　对转化膜的性能影响 …… 107
6.4.1　耐蚀性 …… 107
6.4.2　磁性能 …… 111
6.4.3　摩擦性能 …… 111
6.5　磷酸盐化学转化膜的成膜机理分析 …… 113
6.6　本章小结 …… 114
第七章　结论和展望 …… 116
7.1　结　论 …… 116
7.2　展　望 …… 118
参考文献 …… 119

第一章

绪　论

1.1　烧结钕铁硼永磁合金概述

1983年，日本科学家Sagawa等通过粉末冶金技术，首次制备出了以$Nd_2Fe_{14}B$化合物为基体的烧结钕铁硼永磁合金，开创了第三代稀土永磁材料。与其他磁性材料相比，烧结钕铁硼永磁合金具有高内禀矫顽力、高剩磁和高磁能积等特点，其最大磁能积的理论值高达518 kJ/m^3（64 MGOe）。并且钕铁硼磁体以铁为基，不含贵重元素钐（Sm）和钴（Co），钕在自然界的丰富度是钐丰富度的10倍以上，因此成本相对较低。自问世以来，钕铁硼永磁合金就在计算机硬盘、核磁共振成像、电动车、风力发电、磁力机械及磁悬浮等高新技术领域中得到广泛应用，成了当代社会发展的重要基础功能材料。

烧结钕铁硼永磁合金是一种能量密度很高的储能材料，通过它可以实现能量与信息的高效转化。因此，烧结钕铁硼永磁合金特别适用于高性能、轻小型零部件的制备。1983年，中国成功研制出钕铁硼永久磁体，并迅速实现产业化；1996年，中国烧结钕铁硼永磁合金产量已逾2000 t，全球占比为36%；2001年，中国烧结钕铁硼永磁合金产量达6500 t，超过日本，成为全球最大的烧结钕铁硼永磁合金生产国；目前，全球70%的烧结钕铁硼永磁合金由中国生产。可见，烧结钕铁硼永磁合金产业在中国占据重要的地位。因此，开展烧结钕铁硼永磁合金的组织与性能研究，具有重要的学术意义和应用价值。

1.2　烧结钕铁硼永磁合金的结构和性能

1.2.1　烧结钕铁硼永磁合金的相图与组成相

相图是表示合金中各种相的平衡存在条件及各相之间平衡共存关系的一种简明图解。它能够帮助我们系统的了解合金在不同的条件下可能出现的各种组态，以及条件改变时各种组态可能发生转变的方向和限度。结合相变机理及其动力学，相图可以成为分析材料组织形成和变化的重要工具。图 1-1 是三元系钕铁硼合金的等温截面相图。其中，左侧为贫 Nd 的 900 ℃等温截面图，右侧为富 Nd 的 600 ℃等温截面图。烧结钕铁硼永磁合金的成分正好处于 T_1T_2Nd 三角形内，而靠近 T_1 相的那个角由 3 个相组成，分别为 $Nd_2Fe_{14}B$ 相（T_1 相）、$Nd_{1.1}Fe_4B_4$ 相（T_2 相）和富钕相。

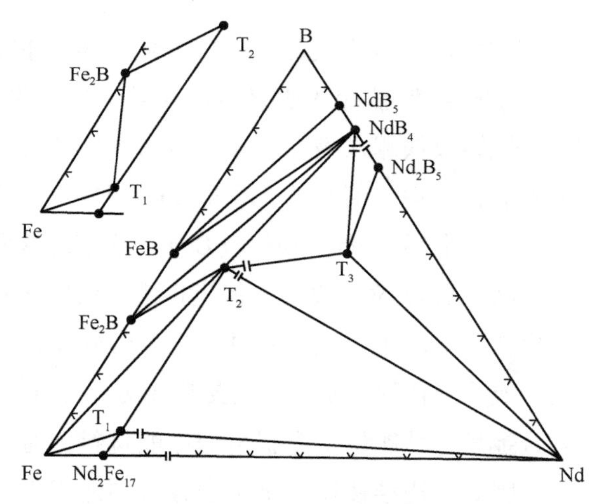

图 1-1　三元系钕铁硼合金的等温截面相图

注：左侧为贫 Nd 的 900 ℃等温截面，右侧为富 Nd 的 600 ℃等温截面。

由相图分析可知，烧结钕铁硼永磁合金主要由 $Nd_2Fe_{14}B$ 主晶相、晶界富钕相及富硼相构成。但由于受原材料的纯度及生产工艺的影响，其中还可能存在少量钕的氧化物及 α-Fe 软磁相等。表 1-1 列出了烧结钕铁硼永磁合金中各个组成相的成分与特征。

表 1-1 烧结钕铁硼永磁合金中各组成相的成分与特征

相组成	成分	形貌和分布
$Nd_2Fe_{14}B$	$N(Nd):N(Fe):N(B)=2:14:1$	多边形
富钕相	$N(Fe):N(Nd)=1:(1.2\sim1.4)$	块状、薄层状或颗粒状，在晶界、晶界交隅处或晶粒内分布
	$N(Fe):N(Nd)=1:(2.0\sim2.3)$	
	$N(Fe):N(Nd)=1:3.5\sim4.4$	
	$N(Fe):N(Nd)>1:7$	
富硼相	$N(Nd):N(Fe):N(B)=1:4:4$	颗粒状或块状，存在于晶界交隅处或晶粒内部
钕的氧化物	Nd_2O_3	颗粒状，多分布在晶界交隅处
富铁相	α-Fe	颗粒状，存在于晶粒内或晶界处

在烧结钕铁硼永磁合金中，主晶相 $Nd_2Fe_{14}B$ 是其强磁性的主要来源。图 1-2 是金属间化合物 $Nd_2Fe_{14}B$ 晶体单胞结构的空间示意，它由 4 个 $Nd_2Fe_{14}B$ 分子组成，在一个单胞内共有 68 个原子，其中包括 56 个 Fe 原子、8 个 Nd 原子和 4 个 B 原子。它属于四角晶体，点阵常数 a=0.8792 nm，c=1.2177 nm，理论密度为 7.62 g/cm^3。整个晶体单胞可以看作是富钕原子层、富硼原子层和 4 个富铁原子层，沿 c 轴交替排布组成。8 个钕原子占据 4f 和 4g 位，56 个铁原子占据 $16k_1$、$16k_2$、$8j_1$、$8j_2$、4e 和 4c 位，4 个硼原子占据 4g 位。由此可见，钕原子和硼原子主要分布在第 1 和第 4 原子层内，而铁原子主要分布在第 2、第 3、第 5 和第 6 原子层内。在同一原子层内原子密度较大，相邻原子间距较小，而相邻原子层间原子间距较大。因晶体结构中的 Fe-Fe 和 Fe-Nd 原子之间会发生强烈的交换作用，所以 $Nd_2Fe_{14}B$ 相的饱和磁极化强度 $J_s=1.60$ T，磁晶各向异性场 $H_A=6.7$ T。$Nd_2Fe_{14}B$ 主晶相具有优异的内禀磁性能，是烧结钕铁硼永磁合金具有高剩磁、高磁能积和高矫顽力的主要原因。

高性能烧结钕铁硼永磁合金中存在富钕相，而富钕相有两个重要的作用：一个是沿 $Nd_2Fe_{14}B$ 主晶相的晶粒边界均匀分布，起到去交换耦合作用，从而实现磁硬化；另一个是起到辅助烧结作用，使烧结态磁体更加致密。富钕相在烧结钕铁硼永磁合金中以多种形态存在，其 3 种主要形态如图 1-3 所示。第 1 种

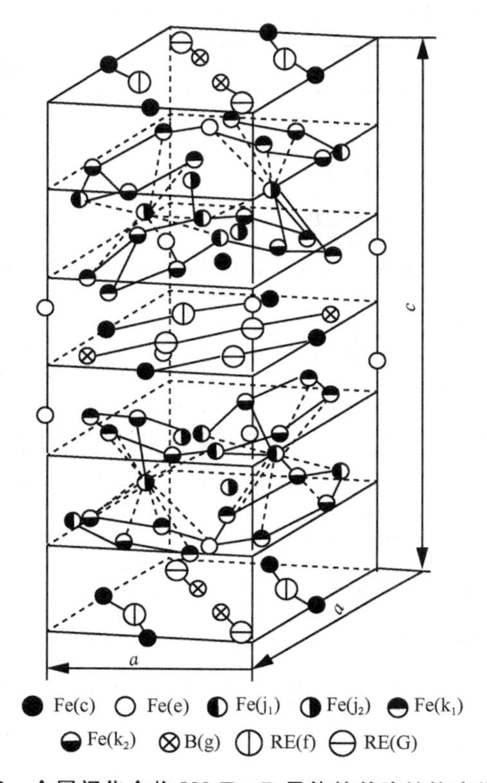

图 1-2　金属间化合物 $Nd_2Fe_{14}B$ 晶体的单胞结构空间示意

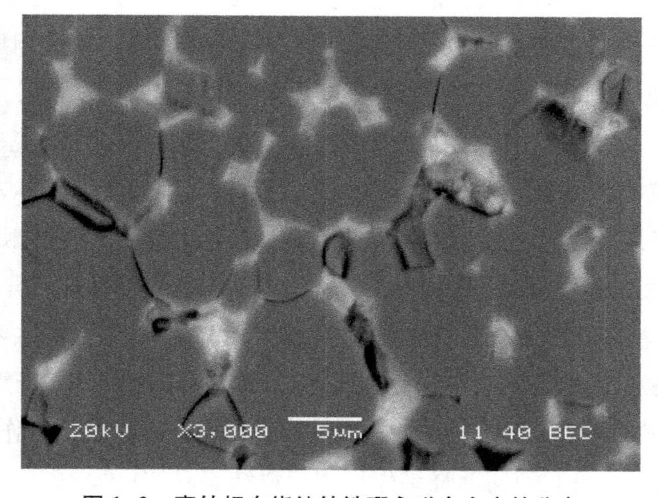

图 1-3　富钕相在烧结钕铁硼永磁合金中的分布

是沿 $Nd_2Fe_{14}B$ 主晶相的晶粒边界以连续薄层状存在；第 2 种是以块状分布在晶界交隅处存在；第 3 种是在 $Nd_2Fe_{14}B$ 主晶相的晶粒内部以颗粒状沉淀形式存在。富钕相的形态及分布对烧结钕铁硼永磁合金的磁性能特别是内禀矫顽力有重要影响。高矫顽力烧结钕铁硼永磁合金中的富钕相应以第 1 种形式存在，这样可以将 $Nd_2Fe_{14}B$ 主晶相的晶粒与晶粒之间彼此孤立，使它们不存在磁交换耦合作用。富钕相的成分与其晶体结构有关，晶界和晶界交隅处的富钕相一般为面心立方结构，其中，a = 0.56 nm，钕原子和铁原子所占的原子百分数分别为 x（Nd）= 75%～80% 和 x（Fe）= 20%～25%。而晶内富钕相多为双六方结构，a=0.365 nm，c = 1.180 nm，其钕原子含量大于 95%，铁原子含量小于 5%。富钕相中通常含有一定量的氧，因为氧在磁体的制备过程中不可能完全消除。富钕相在烧结钕铁硼永磁合金中起着至关重要的作用，但是富钕相过多也会对磁体造成不利影响。例如，过多富钕相会造成 $Nd_2Fe_{14}B$ 主晶相的晶粒界面层过厚，或者富钕相以孤立的块状存在。富钕相呈 2～3 nm 薄层状将所有 $Nd_2Fe_{14}B$ 主晶相的晶粒包裹起来最佳。

烧结钕铁硼永磁合金中还可能存在少量富硼相，其成分为 $Nd_{1+\varepsilon}Fe_4B_4$（$0<\varepsilon<1$），是非铁磁性相。大部分富硼相以多边形颗粒的形式存在于晶界交隅处或 $Nd_2Fe_{14}B$ 主晶相的晶界，但个别 $Nd_2Fe_{14}B$ 晶粒内部也有少量细小的颗粒状富硼相存在。富硼相的存在对烧结钕铁硼永磁合金是有害的，因此应尽量避免富硼相的形成。

1.2.2　烧结钕铁硼永磁合金的磁学性能

表征烧结钕铁硼磁永磁合金磁性能的主要技术指标包括最大磁能积［$(BH)_m$］、矫顽力［内禀矫顽力（H_{cj}）和磁感矫顽力（H_{cb}）］、剩磁（B_r）、方形度（H_k/H_{cj}）和居里温度（T_c）等。

剩磁（B_r）是指永磁材料在外磁场中磁化到技术饱和后，撤掉外磁场，在原磁化方向上所能保持的剩余磁感应强度。它是用来表征永磁材料充磁后所能提供的磁场大小的参量。烧结钕铁硼永磁材料的剩磁可用式（1-1）来表示：

$$B_r = A(1-\beta)\frac{d}{d_0}\overline{\cos\theta}\,J_s \tag{1-1}$$

式中，A 为磁体中正向畴的体积分数，β 为非磁性相的体积分数，d 为磁体的实际密度，d_0为理论密度，$\overline{\cos\theta}$ 为主晶相 $Nd_2Fe_{14}B$ 晶粒的 c 轴取向度，J_s 为主晶相的饱和磁极化强度。由式（1-1）可以看出，剩磁（B_r）是一个组织敏感参量，通过提高正向畴的体积分数（A）、磁体的密度（d）、主晶相的 c 轴取向度（$\overline{\cos\theta}$），或者减少磁体中非磁性相的体积分数（β），都可以提高烧结钕铁硼磁体的剩磁。

矫顽力是指永磁材料被磁化到饱和后，使其磁感应强度或磁化强度降至零所需要的反向外磁场的强度值。矫顽力分为磁感矫顽力（H_{cb}）和内禀矫顽力（H_{cj}）。磁体在反向充磁时，使其磁感应强度降为零所需反向磁场强度值称为磁感矫顽力（H_{cb}）。但是当磁体的磁感应强度降为零时，磁体的磁化强度并不为零，只是所加的反向磁场与磁体的磁化强度作用相互抵消。若此时撤去外磁场，磁体仍具有一定的磁性能。使磁体的磁化强度降为零所需施加的反向磁场强度称为内禀矫顽力（H_{cj}），内禀矫顽力是衡量磁体抗退磁能力的一个物理量。烧结钕铁硼永磁材料的内禀矫顽力可以用式（1-2）来表示。

$$H_{cj} = \frac{2K_1}{\mu_0 M_s}\alpha_\varphi \alpha_k \alpha_{ex} - N_{eff}M_s \tag{1-2}$$

式中，K_1 和 M_s 分别为 $Nd_2Fe_{14}B$ 主晶相的磁晶各向异性常数和饱和磁化强度；μ_0 为真空磁导率；α_φ、α_k 和 α_{ex} 分别为与主晶相晶粒取向度、晶粒表面缺陷和相邻晶粒之间交换耦合作用有关的结构因子；N_{eff} 为散磁场因子，与主晶相晶粒外形和平均晶粒尺寸有关。可见，烧结钕铁硼永磁材料的内禀矫顽力也是一个组织敏感参量，因此可以通过改善磁体的显微结构来提高矫顽力。

最大磁能积[$(BH)_m$]是指永磁材料的退磁曲线上，磁感应强度和磁场强度乘积的最大值。这个值越大，表明单位体积内存储的磁能越大，磁体性能越好。烧结钕铁硼的最大磁能积[$(BH)_m$]可用式（1-3）表示：

$$(BH)_m = \frac{1}{4}A^2\,\overline{\cos\theta^2}\,(1-\beta)^2\left(\frac{d}{d_0}\right)^2\mu_0^2 M_s^2 \tag{1-3}$$

可以看出，烧结钕铁硼的最大磁能积除与材料的饱和磁化强度（M_s）有关，还与工艺因素密切相关，因此，最大磁能积[$(BH)_m$]也是一个组织敏感参量，可以通过严格控制磁体的显微组织结构，即使正向畴的体积分数（A）接近 1.0，非铁磁性相的体积分数（β）减小到 0.02，使磁体的相对密度$\left(\frac{d}{d_0}\right)$接近 1.0，使磁体的取向度（$\overline{\cos\theta}$）尽可能大，来提高烧结钕铁硼磁体的最大磁能积。

图 1-4 是典型烧结钕铁硼永磁合金的退磁曲线，从 B_i-H（B_i 为内禀磁感应强度，又称磁极化强度 J）曲线可知，在反向磁场强度较小时，B_i 下降很慢，但是当反向磁场强度增加到一定程度后，B_i 开始急剧下降。通常把退磁曲线上 $B_i=0.9B_r$ 时所对应退磁场的磁场强度称为膝点矫顽力（H_k）。H_k/H_{cj} 在一定程度上反映了退磁曲线的形状，其比值越接近于 1，退磁曲线越接近方形。因此，永磁材料膝点矫顽力（H_k）与内禀矫顽力（H_{cj}）的比值（H_k/H_{cj}）被称为方形度。方形度越接近 1，磁体抵抗外部磁场和环境温度等干扰因素的能力就越强。

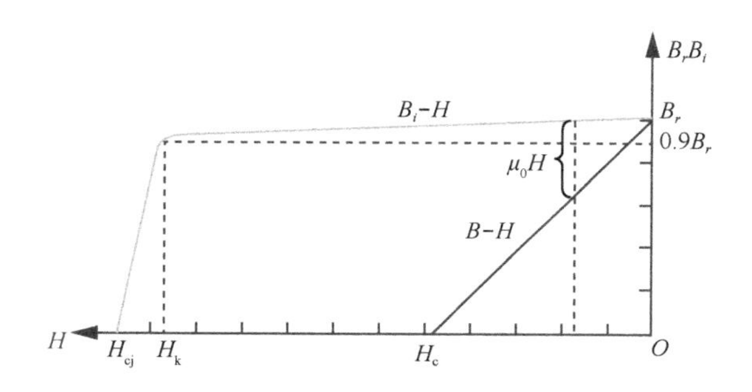

图 1-4　烧结钕铁硼永磁合金的退磁曲线

居里温度（T_c）是指铁磁性物质在加热时，由铁磁性转变为顺磁性的临界温度。一般来说，材料的居里温度越高，铁磁性物质的使用温度也越高。

如何提高烧结钕铁硼永磁合金这一永磁材料的各项磁性能是国内外科研工作者的首要问题。因磁体中的 $Nd_2Fe_{14}B$ 主晶相是其强磁性的主要来源，人们尝试通过使用不同元素取代 $Nd_2Fe_{14}B$ 中的 Nd 元素或 Fe 元素，来提高磁体的饱和磁极化强度（J_s）、磁晶各向异性场（H_A）、磁晶各向异性常数（K_1）、居里温度（T_c）等内禀磁性能。表 1-2 是 13 种稀土金属化合物 $RE_2Fe_{14}B$（RE 表示稀土元素）的内禀磁参量。从表 1-2 可以看出，重稀土元素 Tb 和 Dy 的 $RE_2Fe_{14}B$ 化合物的内禀磁性能优，尤其是磁晶各向异性场（H_A），分别为 17 600 kA · m^{-1} 和 12 000 kA · m^{-1}，是 $Nd_2Fe_{14}B$ 的 2～3 倍。由于在室温附近，磁体的内禀矫顽力（H_{cj}）与磁晶各向异性场（H_A）呈线性关系，因此用少量 Tb 或 Dy 来取代 Nd，可以有效提高烧结钕铁硼永磁合金的内禀矫顽力。理论上讲，用原子分数为 1% 的 Dy 取代 Nd，磁体的内禀矫顽力（H_{cj}）可提高 11.4 kA · m^{-1}。

表 1-2　$RE_2Fe_{14}B$ 化合物的内禀磁参量

稀土元素	J_s/T	H_A/（kA · m^{-1}）	K_1/（MJ · m^{-3}）	T_c/K
RE = La	1.38	约 2000	1.1	530
Ce	1.17	3600（3500）	1.8	—
Pr	1.56	5840（8000）	5.6（5.0）	550
Nd	1.61	5600（7600）	5.0～6.6（4.9）	580
Sm	1.50	−5400	−12.0	630
Gd	0.85	4000（3100）	0.67（1.0）	670
Tb	0.70	7600（13900）	59.0（3.4）	620
Dy	0.71	2000（15000）	45.0（4.2）	580
Ho	0.81	7600（7100）	2.50（2.0）	540
Er	0.90	6800（5500）	−0.03（−1.3）	530
Tm	1.15	—	−0.03	—
Lu	1.17	2080（2600）	1.5	—
Y	1.38	440（2000）	1.06（1.1）	—

注：①表中括号内外的数据引自不同的参考文献。

②不同作者获得的 H_A 和 K_1 的数据分散性很大，本表综合不同结果取其中间值。

图 1-5 是重稀土元素 Dy 的原子含量 x(Dy) 对 $Nd_{15.5-x}Dy_xFe_{79}B_6$ 永磁合金 H_{cj}

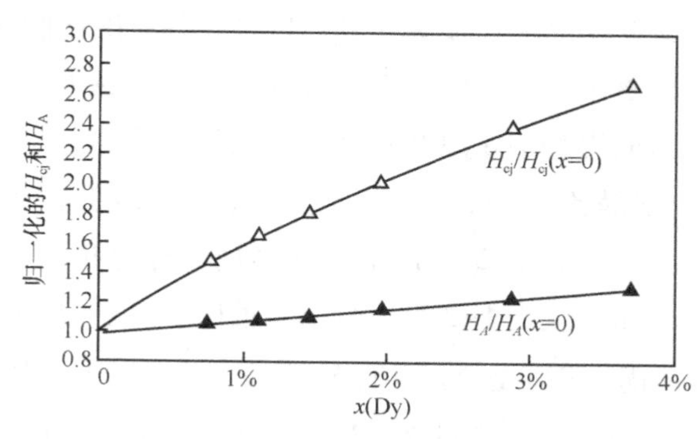

图 1-5　$Nd_{15.5-x}Dy_xFe_{79}B_6$ 永磁合金的 H_{cj} 和 H_A 与 x(Dy) 的关系

和 H_A 的影响。其中，H_{cj}（$x=0$）、H_A（$x=0$）分别是 Dy 原子含量为零时的数值。由图 1-5 可以看出，当 x（Dy）增加到 3% 时，磁体的磁晶各向异性场（H_A）约提高 1.2 倍，内禀矫顽力（H_{cj}）约提高 2.3 倍，这表明磁体的 H_{cj} 和 H_A 都随着 x（Dy）的增加而提高，但 H_{cj} 提高得更快。说明磁体内禀矫顽力（H_{cj}）的提高一方面是由（H_A）的提高引起的，另一方面可能是由于 Dy 元素的加入使 $Nd_{15.5-x}Dy_xFe_{79}B_6$ 永磁合金显微结构的变化和元素之间的交互作用而引起的。

另有研究表明，用 Dy 取代部分 Nd 还能够明显降低烧结钕铁硼永磁合金 B_r 和 H_{cj} 的温度系数，这就表明磁体的温度稳定性会得到一定程度的提高。但是，用 Dy 取代 Nd 也会带来一些负面影响，如会降低磁体的 B_r 和 $(BH)_m$，这是因为 Dy 取代 Nd 降低了磁体的磁极化强度（J_s）。从表 1-2 可以看出，$Nd_2Fe_{14}B$ 的磁极化强度是 1.61 T，而 $Dy_2Fe_{14}B$ 的 J_s 却只有 0.71 T，也就是说，每用原分子数为 1 % 的 Dy 取代 Nd，烧结钕铁硼永磁合金的磁极化强度就会降低 0.09 T。

目前已经证实，用重稀土元素 Tb 取代部分 Nd 与 Dy 部分取代有类似作用。但因 $Tb_2Fe_{14}B$ 的磁晶各向异性场 H_A 为 17 600 kA · m^{-1}，比 $Dy_2Fe_{14}B$ 更高，因此从理论上讲，Tb 的取代能够更有效提高磁体的内禀矫顽力。用 Tb 或 Dy 取代 Nd 的效果虽好，但两种稀土的储存量有限，且价格昂贵，因此从国家可持续发展的角度考虑，应该尽量少用或不用。

与重稀土元素 Tb 和 Dy 相比，国内轻稀土元素，如 La、Ce、Pr 等的储存量相对较高。本着降低成本和综合利用资源的原则，科研工作者尝试使用轻稀土元素取代部分 Nd 来生产烧结钕铁硼永磁合金。从中国稀土元素矿藏的分布可知，La 在稀土矿中的储量居第 2 位，其开采成本是 Nd 开采成本的 1/4 ~ 1/2。从表 1-2 可以看出，$La_2Fe_{14}B$ 的磁极化强度为 1.38 T，磁晶各向异性场约为 2 000 kA · m^{-1}，理论磁能积可高达 380.0 kJ · m^{-3}，因此 $La_2Fe_{14}B$ 有望成为新的低成本永磁材料。

1989 年，W. Z. Tang 等研究了 La 取代 Nd 的作用。图 1-6 是 $(Nd_{1-x}La_x)_{15.5}Fe_{77}B_{7.5}$ 永磁合金的磁性能随 La 含量的变化曲线。可见，随着 La 含量的增加，磁体的磁极化强度、剩磁、内禀矫顽力和最大磁能积都不断降低。这是因为 La 是非磁性原子，由于磁稀释作用而造成磁极化强度降低。从图 1-6

还可以看出，内禀矫顽力比磁极化强度降低的更快。这说明，内禀矫顽力的降低不完全是由磁极化强度降低而造成的。随着 x（La）的增加，烧结钕铁硼永磁合金中的富钕相易于在晶界交隅处聚集，造成主晶相晶粒的直接接触，导致磁体的内禀矫顽力降低。此外，$La_2Fe_{14}B$ 相形成的温度范围非常窄，这也给磁体的工业化生产带来了一定困难。

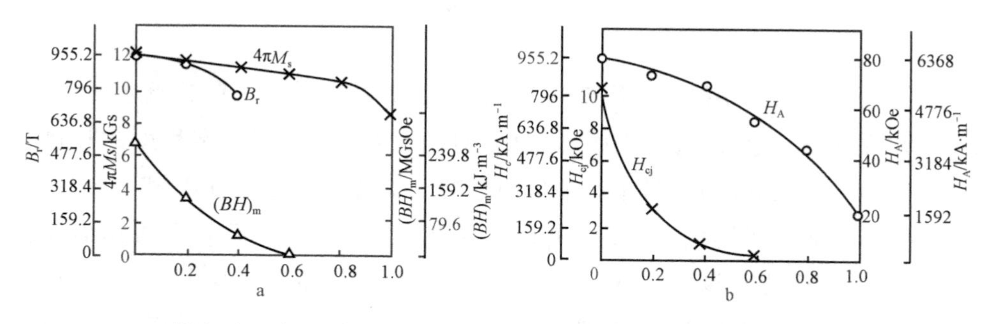

图 1-6　$(Nd_{1-x}La_x)_{15.5}Fe_{77}B_{7.5}$ 合金磁性能与 x（La）的关系

用 Ce 取代 Nd 的效果与 La 类似，随着 Ce 含量的增加，烧结钕铁硼永磁合金的各项磁性能均不断降低，Ce 的加入还会导致磁体居里温度和温度稳定性降低。在轻稀土元素中，用于取代部分 Nd 效果较好的应该是 Pr，这是因为 $Pr_2Fe_{14}B$ 化合物的内禀磁参量均与 $Nd_2Fe_{14}B$ 相当。Pr 资源储量相对丰富，在国内稀土矿的储量中占 4%～7%，以镨钕合金为原料，经过合适的生产工艺可以制造出磁性能良好的烧结钕铁硼永磁合金。

在烧结钕铁硼永磁合金中，用不同金属元素取代 Fe，也能够在一定程度上改善磁体的磁性能。例如，当 Co 的加入量小于原子分数 10% 时，既可以提高磁体的居里温度又能维持较优的磁性能，同时还能使磁感温度系数得以改善。张茂才等研究结果表明，添加少量的 Al 能够有效提高三元系烧结钕铁硼永磁合金的矫顽力。还有研究指出，在添加部分 Co 的四元系 Nd-Fe-Co-B 永磁材料的基础上，添加少量 Al 可补偿由 Co 元素造成的矫顽力损失，从而获得综合性能较高的 Nd-Fe-Co-Al-B 系永磁合金。与 Tb 和 Dy 提高磁体矫顽力的机理不同，添加 Al 使烧结钕铁硼永磁合金矫顽力提高的原因并不是 $Nd_2Fe_{14}B$ 的磁晶各向异性场提高，而是晶粒边界的显微结构改善。Al 的添加不仅能够使 $Nd_2Fe_{14}B$ 主晶相的晶粒细化，还有部分 Al 能够进入富钕相，从而改善液态富钕相与固态

$Nd_2Fe_{14}B$ 的浸润角，从而使富钕相更均匀沿主晶相晶界分布。但是，添加 Al 也会带来一些负面影响，如使磁体退磁曲线的方形度和最大磁能积降低。另外，用适量 Cu、Nb、Ga 等元素部分取代 Fe，可以提高烧结钕铁硼永磁合金的矫顽力；而 Ga 和 Nb 的复合添加，则可有效改善合金的温度稳定性。

随着科学技术不断发展，有研究人员提出通过晶界强化方法来改善烧结钕铁硼永磁合金的磁性能。众所周知，目前烧结钕铁硼永磁合金的内禀矫顽力远低于其理论值，其主要原因是晶界结构偏离理想模型，或是没有晶界相，或是晶界相不均匀和不连续。晶界强化就是通过某些技术对晶界进行改性，从而起到改善晶界的结构、分布和成分的作用。通过元素替代，虽然可以提高磁体的内禀矫顽力，但是往往会降低剩磁及最大磁能积。而晶界强化却可以在提高磁体矫顽力的同时不造成剩磁和磁能积的损失，还能在一定程度上提高其耐蚀性，从而使烧结钕铁硼永磁合金获得良好的综合性能。双合金技术和时效处理工艺等都属晶界强化方法，晶界强化方法已成为当前研究高性能烧结钕铁硼永磁合金的热点。

1.2.3　烧结钕铁硼永磁合金的力学性能

烧结钕铁硼永磁合金主要是应用其磁性能，但由于使用环境和条件不同，除应满足磁性能要求外，还应满足对力学性能的要求。例如，磁体在高速转动时，要经受很大的离心力；而在振动环境和承受较高加速度条件下使用时，就可能出现剥落或开裂，因此，烧结钕铁硼永磁合金还应具有良好的力学性能。

通常采用 3 个技术指标来描述烧结钕铁硼永磁合金的力学性能。一是断裂韧性，用 K_{IC} 表示，单位为 $MPa \cdot m^{1/2}$，K_{IC} 可以表征材料阻止裂纹扩展的能力，是度量材料韧性的一个定量指标；二是冲击韧性，用 a_K 表示，单位为 J/m^2，α_k 反映材料抵抗外来冲击负荷的能力；三是抗弯强度，用 σ_b 表示，单位为 MPa，一般采用三点弯曲方法来测试 σ_b 值。因抗弯强度试样加工容易，测试方法简便易行，因而 σ_b 是最常用的力学性能指标。

目前，对烧结钕铁硼永磁合金的力学性能研究还不多，且其脆性较大也给力学性能测试带来一定难度。表 1-3 是在总结不同学者和生产厂商提供的实验数据基础上给出的烧结钕铁硼永磁合金的力学性能。从表中可以看出，烧结钕铁硼永磁合金的抗弯强度和抗拉强度都比较低，但抗压强度却较高，其断裂韧性比一般金属材料低 1～2 个数量级，与陶瓷材料的断裂韧性相当。烧结钕铁硼永磁合金的塑韧性和抗冲击能力较差，其硬脆的特点造成机械加工困难，因而制约了其应用范围。因此，研究和开发具有较好强韧性的烧结钕铁硼稀土永磁合金也是国内外相关科技工作者面临的重要课题之一。

表 1-3　烧结钕铁硼永磁合金的力学性能

抗弯强度 /MPa	抗压强度 /MPa	抗拉强度 /MPa	硬度 /HV	冲击韧性 /kJ/m²	断裂韧性 /MPa · m$^{1/2}$	弹性模量 /MPa
150～350	750～1160	50～160	400～600	27～47	2. 2～5. 5	1. 5×10^{5}

有学者尝试通过控制烧结钕铁硼永磁合金中富钕相的体积分数来改善其力学性能。通过对 $Nd_xFe_{94-x}B_6$ 系列磁体的断裂韧性研究发现，烧结钕铁硼永磁合金的断裂韧性明显受钕含量的影响。当钕原子含量小于 19% 时，其断裂韧性随钕含量的增加而迅速提高；当钕原子含量大于 19 % 时，随着钕含量进一步增加，磁体的断裂韧性提高幅度不大。

Z. H. Hu 等研究了 Nb 元素含量对烧结钕铁硼永磁合金的冲击韧性影响。结果表明，对于不含 Co 的钕铁硼磁体，随着 Nb 含量的增加，冲击韧性先增大、后减小，当 Nb 原子含量为 1. 5% 时达最大值；当磁体中含有少量合金元素 Co 时，冲击韧性在 Nb 原子含量为 1. 0% 时达最大值。图 1-7 是钕铁硼磁体的冲击韧性与 Nb 原子含量的关系。

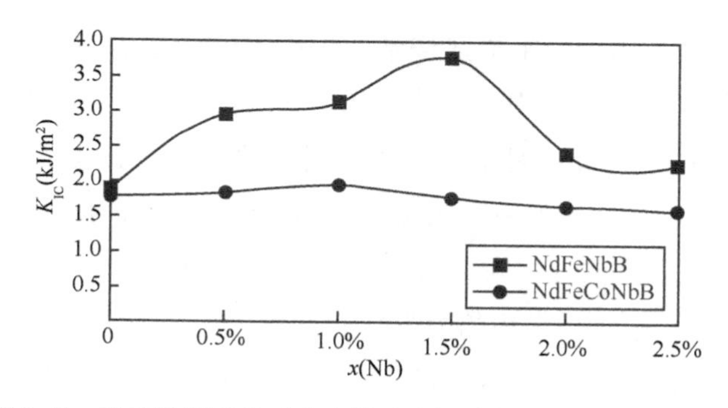

图 1-7　烧结钕铁硼永磁合金的冲击韧性与 Nb 原子含量关系

蒋建华等研究了合金元素对烧结钕铁硼永磁合金的抗弯强度影响。结果表明，在烧结钕铁硼永磁合金中添加少量金属 Co 时，磁体的抗弯强度有所提高。这是因为 Co 的加入提高了富 Nd 相的硬度，从而降低了沿晶断裂的概率。当在烧结钕铁硼永磁合金中添加少量 Cu 时，Cu 主要进入晶界相，形成 NdFeCoCu 金属间化合物，强化了晶界相，提高了磁体的抗弯强度。当在烧结钕铁硼永磁合金中添加少量 Nb 时，会在晶界处形成针状化合物 NbFeBCo，可以阻止裂纹扩展，提高磁体的抗弯强度。

李安华等研究了添加微量合金对烧结钕铁硼永磁合金的力学性能及微观结构影响。研究结果表明，添加了微量合金的磁体的抗弯强度可达 397MPa，高于通过单合金法制得的磁体。当添加的合金中 $x(B) = 95\%$ 时，磁体具有最高的抗弯强度，这是因为此时 $Nd_2Fe_{14}B$ 主晶相的晶格四方度有所减小。此外，添加微量合金可促进晶界相在磁体中的均匀分布，从而避免 $Nd_2Fe_{14}B$ 主晶相的晶粒之间相互接触，还可抑制晶粒的不规则长大，这也是添加微量合金的磁体抗弯强度较高的原因之一。添加微量合金对烧结钕铁硼永磁合金的磁性能影响很小。

目前，对烧结钕铁硼永磁合金的力学性能研究已取得一定成果。但要制备出具有良好力学性能的烧结钕铁硼永磁合金，还需对影响其力学性能的因素和相关断裂机理进行深入研究。

1.2.4　烧结钕铁硼永磁合金的腐蚀行为

烧结钕铁硼永磁合金主要是由 $Nd_2Fe_{14}B$ 主晶相和晶界富钕相组成，然而两个组成相具有不同的电位，在潮湿环境中会发生电化学反应，这是造成烧结钕铁硼永磁合金容易发生腐蚀的主要原因。稀土金属钕的标准电势 E_0（Nd^{3+}/Nd）= −2.431 V，其活泼的化学性质是导致磁体容易腐蚀的另一个原因。研究表明，烧结钕铁硼永磁合金在高温环境、暖湿环境和电化学环境中易于发生腐蚀。

烧结钕铁硼永磁合金在干燥环境中主要发生氧化腐蚀，其腐蚀过程与环境温度有关。当温度低于 150 ℃时，磁体的氧化速度很慢。当温度高于 150 ℃时，磁体中的晶界富钕相会首先发生氧化，形成 Nd_2O_3。随后，$Nd_2Fe_{14}B$

主晶相与氧反应，生成 Fe、B 和 Nd_2O_3；而生成的铁又会继续与氧发生反应，生成 Fe_2O_3。烧结钕铁硼永磁合金的氧化腐蚀始于磁体表面，然后向内部扩展。当磁体在 335～500 ℃的空气中氧化时，氧化层的深度与暴露时间的平方根成正比。

烧结钕铁硼永磁合金在暖湿环境中主要发生吸氢腐蚀，表现为磁体表面富钕相中的钕首先与外界水蒸气发生反应，生成氢原子。随后，氢原子会沿晶界扩散到磁体内部，与富钕相继续发生反应生成 NdH_3，造成晶界腐蚀。NdH_3 的生成会增大晶界体积，产生晶界应力，严重时可导致晶界断裂，造成烧结钕铁硼永磁合金粉化。值得注意的是，磁体的腐蚀行为受环境湿度的影响要比温度的影响更大，这是由于在干燥环境中，磁体表面氧化可生成较为致密的腐蚀产物薄层，此薄层具有隔离磁体和外界腐蚀环境的作用，从而阻止了磁体内部的继续腐蚀。但是，磁体在潮湿环境中的表面腐蚀产物（如氢氧化物或者其他含氢化合物）却没有这种防护效果。此外，如果环境湿度过大，特别是当有液态水出现在磁体表面时，则可能会造成电化学腐蚀。

当烧结钕铁硼永磁合金处于电化学环境中时，因各组成相之间有较大的电位差，相对活泼的富钕相和富硼相成为阳极，首先被腐蚀。而分布于烧结钕铁硼中 $Nd_2Fe_{14}B$ 主晶相晶界处的富钕相和富硼相的含量又远远低于主晶相，因此在电化学腐蚀过程中，阴、阳两极的被腐蚀面积相差很大。这就导致了作为阳极的少量晶界相需要承担很大的腐蚀电流，从而加速了晶界相腐蚀。当晶界相被腐蚀后，$Nd_2Fe_{14}B$ 主晶相的晶粒便失去了与周围晶粒之间的结合，发生脱落。其腐蚀过程如图 1-8 所示。

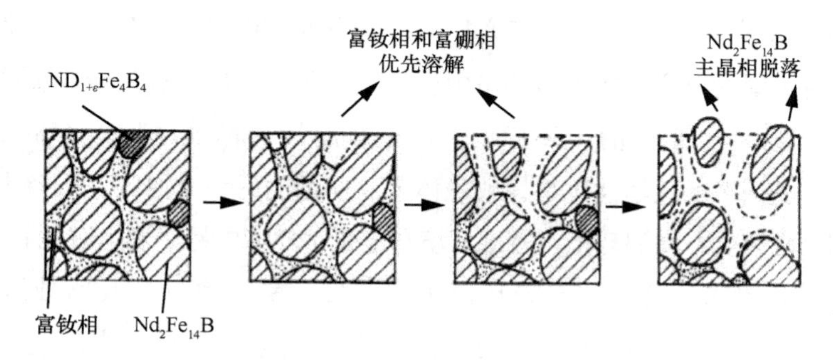

图 1-8　烧结钕铁硼永磁合金的腐蚀过程示意

1.3 烧结钕铁硼永磁合金的腐蚀防护技术

从前面的讨论可知，烧结钕铁硼永磁合金极易发生腐蚀，因此研究其腐蚀防护技术直接关系到该材料能否得到广泛应用。目前，烧结钕铁硼永磁合金的腐蚀防护技术主要有两种：一种是在磁体中添加合金元素或者改进磁体的制造工艺，可提高磁体自身的耐蚀性；另一种是通过对磁体进行表面防护处理，以阻止环境中腐蚀介质与磁体的直接接触，从而避免磁体被腐蚀。

1.3.1 磁体的耐蚀性

烧结钕铁硼永磁合金的腐蚀行为主要表现为晶间腐蚀，$Nd_2Fe_{14}B$ 主晶相与晶界富钕相、富硼相之间的电位差是其主要的腐蚀动力。所以，通过提高晶界相的化学稳定性，优化晶界相的分布，来提高钕铁硼磁体的本征耐蚀性。根据合金腐蚀理论，在烧结钕铁硼永磁合金中掺入能够降低晶界相活性的合金元素或化合物，可以提高富钕相的电极电位，从而缩小晶界相与 $Nd_2Fe_{14}B$ 主相之间的电位差，减小磁体的腐蚀动力，提高磁体的耐蚀性。

合金化法可以分为熔炼合金化和晶界合金化两种，熔炼合金化即为传统的合金化方法，是指将合金元素或化合物在铸造之前作为原材料添加，此种方法能够有效提高烧结钕铁硼永磁合金的矫顽力和耐蚀性，但却往往伴随剩磁等其他性能的降低。因为通过此方法加入的合金元素，不仅在晶界中分布，还有部分进入 $Nd_2Fe_{14}B$ 主晶相中，部分取代了钕或铁元素，引起了磁稀释的作用，所以降低了烧结钕铁硼永磁合金的磁性能。因此，研究工作者提出了晶界合金化法，即在制粉过程中添加合金元素，从而将合金元素直接引入晶界。

目前，通过合金元素的添加来提高烧结钕铁硼永磁合金的耐蚀性已经有了大量报道。A. M. El-Aziz 研究发现，加入 Ga、Al、Cu 等元素能够提高烧结钕铁硼永磁合金的耐蚀性。因为部分晶界富钕相会被这些元素在晶界上形成金属间化合物所取代，晶界相活性降低。L. Q. Yu 等研究了 Dy 和 Nb 对烧结钕铁硼永磁合金的磁性能和耐蚀性影响。结果表明，Dy 的加入会大幅提高磁体的内禀矫顽力，但却会造成剩磁的损失。然而，同时添加 Dy 和 Nb 不仅能够避免 Dy 对剩磁带来的不良影响，还能大幅提高磁体的矫顽力。当掺入的 Dy 和 Nb 的含量分别为 1.0% 和 1.5% 时，磁体的磁性能达到最优。另外，烧结钕铁硼永磁合金的耐蚀性随着 Dy 和 Nb 含量的增加而提高。L. Q. Yu 认为，这是因为当 Dy 和 Nb 含量增加时，会在磁体的晶界形成较为稳定的金属间化合物，因而使晶界相的电极电位得以提高。同时，Dy 和 Nd 元素的加入还能够细化晶粒，也可提高磁体的耐蚀性。W. Fernengel 等的研究表明，在烧结钕铁硼永磁合金中加入 Co 会形成含 Co 的晶界相，尤其是 Nd_3Co。Nd_3Co 的化学稳定性较好，因此能够提高磁体的耐蚀性。当磁体中 x（Co）= 3.5% 时，其耐蚀性最好。

此外，通过晶界合金化的方法，向烧结钕铁硼永磁合金中添加 Cu、Zn、ZnO、MgO、SiO_2 等纳米粉末，也能够有效提高磁体的耐蚀性和磁性能。例如，当在晶界添加纳米 SiO_2 时，会促使化学性质活泼的富钕相转变为相对稳定的 Nd_2O_3，而反应生成的 Si 则进入晶界富钕相，使其电极电位提高。因此，富钕相与 $Nd_2Fe_{14}B$ 主晶相之间的电极电位差便会减小，使磁体的腐蚀速率降低。另外，Si 进入富钕相后还会提高其液态时与 $Nd_2Fe_{14}B$ 主晶相间的润湿性，使富钕相的分布更加均匀，即晶界富钕相厚度减薄，从而使晶间腐蚀通道变窄，降低晶间腐蚀速率，提高了烧结钕铁硼永磁合金的耐蚀性。液态富钕相与 $Nd_2Fe_{14}B$ 主晶相之间浸润性的提高还减小了磁体的孔隙率，提高了磁体的密度。烧结钕铁硼永磁合金密度的提高，也是其耐蚀性提高的一个重要原因。图 1-9 是纳米 SiO_2 粉在磁粉表面分布和烧结过程中反应的理想模型。

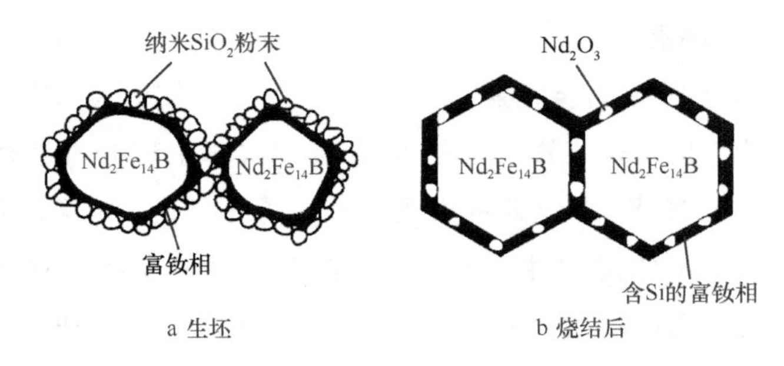

图 1-9　纳米 SiO_2 粉在磁粉表面分布 a 和烧结反应 b 的理想模型

1.3.2　表面防护技术

通过添加合金元素或者化合物的方法虽然可以提高烧结钕铁硼永磁合金自身的耐蚀性，但是也存在一些负面的影响。例如，会对磁体的磁性能造成一定程度的损害，会增加生产成本。因此，利用合金化法来提高磁体的耐蚀性具有一定的局限性。采用表面防护技术，却可以在几乎不影响烧结钕铁硼永磁合金的磁性能条件下，提高其耐蚀性。而且，与合金化法相比，表面防护技术的成本相对较低。因此，采用表面防护技术提高烧结钕铁硼永磁合金的耐蚀性具有重要的应用价值和良好的应用效果。

表 1-4 列出了目前烧结钕铁硼永磁合金常用的表面镀（涂）层的种类。从表 1-4 可以看出，烧结钕铁硼永磁合金主要的表面防护方法有电镀、化学镀、化学转化技术、电泳和真空镀等；磁体表面的涂层主要有金属或合金镀层、化学转化膜、聚合物涂层和复合涂层等。下面就几种常见的镀层做一简单介绍。

表 1-4　烧结 Nd-Fe-B 永磁合金的常用表面镀（涂）层方法

序号	镀（涂）层方法	镀（涂）层材料	镀（涂）层厚度/μm
1	电解镀	Ni、Zn、Ni-Cu-Ni、Cu	5 ～ 20
2	化学镀	Ni、Zn、Al、Ni-Cu-Ni	5 ～ 20
3	电泳镀	环氧树脂	5 ～ 20
4	电镀 + 化学复合镀	Ni、Zn、Ni-Cu-Ni	5 ～ 25
5	溅射镀	Al、Cr、V、TiN	2 ～ 15
6	磷化	复合磷酸盐	50 ～ 100

（1）金属或合金镀层

常见的金属或合金镀层有 Zn、Ni、Cu、Sn、Ni-Cu-Ni、Ni-P、Ni-Co-P、Ni-Cu-P、Al、Cr、V、TiN 及贵金属等。通过电镀、化学镀或离子镀等方法可以在烧结钕铁硼永磁合金表面制备金属镀层或合金镀层。

电镀是指在含有欲镀金属的盐溶液中，以被镀基体金属为阴极，通过电解作用，使镀液中欲镀金属的阳离子在基体金属表面沉积出来，形成镀层的一种表面加工方法。在金属表面制备电镀层，具有防止金属氧化，提高耐磨性、耐蚀性、导电性及增进美观等作用。烧结钕铁硼永磁合金的电镀技术主要分为镀锌、镀镍、镀铜、镀锡和镀贵金属等，一般以镀锌、镀镍+铜+镍、镀镍+铜+化学镀镍3种工艺为主。目前，由于只有镀锌、镀镍适合在烧结钕铁硼永磁合金表面直接施镀，所以一般都是在镀镍后实施多次电镀技术。因烧结钕铁硼永磁合金主要应用于消费类电子产品，具有尺寸小、批量大的特点，因此比较适合滚镀生产工艺。电镀是相对成熟的传统表面处理方法，已广泛应用于实际生产中。但是，因为边角效应的存在，电镀层会出现厚度不均、孔隙率大、缺陷多等缺点，不适合有深孔及形状复杂的工件，而且电镀还存在由于磁体吸氢而造成镀层脆裂及镀液易在磁体内残留等缺点，因此采用化学镀、离子镀等新型表面处理技术更有效。

化学镀也称为无电解镀、自催化镀，是指在不施加外电流的情况下，利用化学方法使镀液中的还原剂被氧化而释放自由电子，把金属离子还原为金属原子并沉积在基体表面而形成镀层的一种表面处理方法。与电镀工艺相比，化学镀具有镀层均匀、致密，镀层硬度高，其耐磨性、耐蚀性好，而且几乎不受工件复杂外形的限制等优点。烧结钕铁硼永磁合金的化学镀镍工艺最早出现在1996年，是在电镀镍+铜+镍的基础上发展而来。在烧结钕铁硼永磁合金表面镀铜层上，用化学镀镍工艺取代电镀镍，实现了烧结钕铁硼永磁合金的表面防护技术跨越式发展，使得小孔、深孔、超小尺寸及形状复杂的烧结钕铁硼永磁合金产品有了成熟的表面防护技术。后期，随着化学镀工艺的不断发展，又出现了Ni-P、Ni-Co-P及Ni-Cu-P等新型镀层技术。然而，化学镀也存在镀液不稳定、容易失效等缺点。目前，应用纳米复合粒子和具有多种特殊性能的多元复合镀层方法成为化学镀的主流研究方向。

离子镀是在真空条件下，通过气体放电实现镀膜，即在真空室中使气体或被蒸发物质电离，在气体离子或被蒸发物质离子的轰击下，同时将蒸发物或其反应物蒸镀在基片上的表面处理技术。离子镀是在1963年，由美国Sandia公司的D. M. Mattox首次提出的，是在真空蒸发和真空溅射基础上发展起来的一种新型镀膜技术。膜与基体之间的结合力优异是离子镀层最突出的优点。另外，离子镀还具有不损害烧结钕铁硼永磁合金的磁性能、镀层美观等优点。然而，离子镀也存在设备昂贵、生产效率较低且对形状复杂的工件难以施镀等缺点。目前，国内在烧结钕铁硼永磁合金中应用真空离子镀技术还较为少见。但在日本，离子镀技术已在 SPM 电机、IPM 电机和电动车用烧结钕铁硼永磁合金上得到应用。

（2）化学转化膜

用于烧结钕铁硼永磁合金表面防护的化学转化膜主要是通过磷化处理制备的磷酸盐化学转化膜。磷化处理是指将金属置于含有磷酸或可溶性磷酸盐的溶液中进行处理，从而使其表面生成结合力良好、稳定的磷酸盐膜的过程。磷化液可以分为两类：一类是溶液中含有重金属 Zn^{2+}、Fe^{2+}、Mn^{2+} 等，主要依靠溶液本身含有的重金属离子成膜，这类溶液称为成膜型磷化液，所生成的磷化膜为假转化型磷化膜，假转化型磷化膜一般较厚，可达 15～20 μm；另一类溶液是以碱金属的磷酸盐为主，通过基体表面的金属原子和溶液中的含氧阴离子发生反应生成磷化膜；这类溶液称为非成膜型溶液，所生成的磷化膜是转化型磷化膜；转化型磷化膜厚度较小，一般都低于 1 μm。磷化最早是用作钢铁表面的防腐蚀保护，英国 Charles Ross 于 1869 年就已获得相关专利（B. P. No. 3119）。从此，磷化工艺被逐渐应用于工业生产。磷化处理技术在 100 多年的漫长岁月中积累了丰富的应用数据和资料。目前，烧结钕铁硼永磁合金进行表面磷化处理的目的有两个：一是作为过程防腐，二是改善表面浸润性。

（3）聚合物涂层

用于烧结钕铁硼永磁合金表面防护的聚合物涂层以树脂和有机高分子为主，其中以环氧树脂最为常见。这是因为环氧树脂的防水性、耐蚀性及黏结性优异，尤其是其吸水性和渗透性在各种树脂中都是最小的。浸涂环氧漆是烧结钕铁硼永磁合金最初的表面处理方法，但浸涂法的生产效率低、原料损失大，并且固化后底部漆膜流挂和边缘的凸起还会影响工件最后的尺寸精度，因此最终被电泳所取代。电泳表面处理技术是将工件浸入水溶性电泳槽液中，在槽液中同时插入阴、阳电极，并通以直流电，通过电化学反应使水溶性涂料均匀沉积在工件表面，形成由树脂粒子组成的防腐蚀涂层，或者形成一层高分子聚合物的防护层。电泳分为阳极电泳和阴极电泳，因阳极电泳的副反应为析氧反应，会使磁体表面产生致命的氧化腐蚀，造成漆膜下的腐蚀隐患，所以阴极电泳最为常用。通过电泳技术获得的聚合物涂层具有优异的耐盐雾、耐酸、耐碱腐蚀性能，而且涂料的利用率高，对复杂零件的涂覆效果好，因此在生产实际中得到广泛的应用。但是，电泳涂层与工件的结合力较差，为克服这一缺点，一般在电泳前可先进行磷化处理，即在烧结钕铁硼永磁合金表面制备复合涂层。

（4）复合涂层

当烧结钕铁硼永磁合金被应用于非常恶劣的工况条件下时，单一涂层或许不能满足使用要求，此时应根据不同的使用条件采用几种涂层的组合，形成多层保护体系。Z. Chen 等利用化学镀技术在烧结钕铁硼永磁合金表面制备了多层镍磷合金镀层，首先以碱性镀液制备低磷镀层打底，然后以酸性镀液制备高磷镀层，最后在高磷合金镀层上制备中磷镀层。其中，高磷镀层结构最为致密，耐蚀性最好；最顶层的中磷镀层也能抵抗一定程度的腐蚀；而低磷镀层的主要作用是提高基体和镀层的结合力。研究表明，所制备的复合涂层能够有效提高磁体的耐蚀性，且对磁体的磁性能影响不大。过家驹等将化学镀和电泳涂装技术相结合，在烧结钕铁硼永磁合金表面制备了复合涂层。将化学镀作为预处理，可以提高基体和涂层之间的结合力；而电泳涂层较好的覆盖力能够修饰化学镀时产生的镀层缺陷，从而使磁体的耐蚀性得到大幅提高。

一般来说，复合涂层耐腐蚀性能优异，在各种腐蚀介质中均能够为磁体提供有效的保护，但制备复合涂层的工艺复杂，成本较高，所以在实际应用中，应综合考虑耐蚀性需求和工艺难度及成本等因素，选择既能满足需求，又能方便量产，成本核算也适宜的表面防护方法。目前，如何简化复合涂层的制备工艺和降低制备成本是亟待解决的问题。

1.4 化学转化技术及其进展

化学转化技术是指在人为控制的条件下，使金属（包括镀层金属）表层原子与特定的腐蚀介质中的阴离子发生反应，在金属表面生成具有良好附着力的隔离层技术。生成的化合物隔离层称为化学转化膜，控制和形成化学转化膜的方法称为化学转化法。式（1-4）可以用来定义化学转化膜的生成：

$$m\mathrm{M} + n\mathrm{A}^{z-} \longrightarrow \mathrm{M}_m\mathrm{A}_n + nze^- \tag{1-4}$$

式中，M 表示表层的金属原子，A^{z-} 表示介质中价态为 z 的阴离子。

上式仅用来表明化学转化反应的基本原理，转化膜的实际形成过程更为复杂，不仅包括多步化学反应和电化学反应，还包括多种物理化学变化过程。

化学转化法因具有成膜速度快、成本低廉及基体形状不受限制等优点，而被广泛应用于金属材料的表面改性。所生成的化学转化膜具有成本低、与基体结合牢固、绝缘性和耐蚀性好、成膜基本不影响材料的性能和尺寸等优点。另外，由于转化膜表面具有多孔结构，有很大的比表面积，因而对有机涂料具有较好的吸附力，因此又被广泛用作有机涂料的涂装底层。

1.4.1 化学转化技术的分类

化学转化技术的分类方法有很多种，按照转化方式的不同可以分为浸渍、喷淋、刷涂和阳极化等；按照基体材料不同，可以分为镁材转化膜、铝材转化膜和钢材转化膜等；按照转化温度不同，可以分为高温转化（80 ℃以上）、中温转化（50～80 ℃）及常温转化；按照成膜物质的不同，可以分为铬酸盐转化、磷酸盐转化、有机酸转化和稀土转化等。本小节对按照成膜物质这一分类方法进行简单介绍。化学转化的分类、特点及应用如表 1-5 所示。

表 1-5 常用化学转化技术的分类及特点

<table>
<tr><th colspan="2">化学转化法</th><th>主要离子</th><th>特点</th><th>优势</th></tr>
<tr><td colspan="2">铬酸盐转化</td><td>Cr^{3+}、Cr^{6+}</td><td>应用广泛，剧毒，致癌</td><td>耐蚀性好，有自修复功能，膜基结合力好</td></tr>
<tr><td rowspan="4">磷酸盐转化</td><td>锌系磷化</td><td>Zn^{2+}、Fe^{2+}</td><td rowspan="4">应用广泛，保护基体</td><td rowspan="4">耐蚀性好，膜基结合力好</td></tr>
<tr><td>锌钙系磷化</td><td>Zn^{2+}、Ca^{2+}</td></tr>
<tr><td>锰系磷化</td><td>Mn^{2+}</td></tr>
<tr><td>铁系磷化</td><td>Fe^{2+}</td></tr>
<tr><td colspan="2">有机物转化</td><td>基体金属离子</td><td>形成的转化膜较薄</td><td>耐蚀性好</td></tr>
<tr><td rowspan="2">稀土转化</td><td>铈系转化</td><td>Ce^{3+}</td><td rowspan="2">主要用于 Mg、Al 及其合金，成本高</td><td rowspan="2">耐蚀性好</td></tr>
<tr><td>镧系转化</td><td>La^{3+}</td></tr>
<tr><td colspan="2">阳极氧化</td><td>基体金属离子</td><td>需要外加电流</td><td>膜基结合力好，耐蚀性好</td></tr>
</table>

（1）铬酸盐转化

铬酸盐转化是指将金属浸入以铬酸、碱金属的铬酸盐或重铬酸盐为主的溶液中，使金属表面形成以铬酸盐为主要组成的一种化学转化方法。铬酸盐转化膜是各种金属最常见的化学转化膜，这种转化膜即使是在厚度很小的情况下，也能够大幅提高金属基体的耐蚀性。为满足不同的工业需求，美国 Dow 化学品公司自主研发了一系列铬酸盐处理剂。著名的 Dow7 工艺就是通过铬酸钠和氟化镁在镁合金表面形成铬盐和金属胶状物来提高镁合金基体的耐蚀性，且生成的转化膜具有自修复能力，即当膜层受到机械损伤时，它能使裸露的金属基体再次钝化而重新得到保护。作为一种使用最早、理论相对成熟的化学转化法，铬酸盐转化具有操作简单、耐蚀性好、与基体结合力好等优点，因此应用十分广泛。P. Campestrini 等采用化学转化法在 2024 铝合金表面制备了铬酸转化膜，并研究了转化膜的成核、长大及耐蚀性。结果表明，铬酸盐化学转化膜能够有效提高铝合金的耐蚀性。

（2）磷酸盐转化

磷酸盐转化是目前工业上应用最多的一类转化方法，即前面提到的磷化处理。由于磷酸盐转化具有低毒、低成本及耐蚀性较好等特点，被认为可以取代铬酸盐转化处理。根据成膜离子的不同，磷酸盐转化可分为锌系磷化、锌钙系磷化、锰系磷化及铁系磷化等。随着科技的发展，人们对清洁生产的要求越来越高，目前磷酸盐转化逐渐向绿色环保的方向发展。

（3）有机物转化

有机物转化是指将金属浸入含有植酸、单宁酸、草酸或硅烷偶联剂等有机化合物的转化液中，通过基体金属与有机化合物络合形成一层致密的单分子保护膜，防止腐蚀介质与基体金属接触以达到防腐目的的一种处理方法。此外，因为形成的单分子保护膜中含有活性基团，如羟基等，并且该保护膜与有机涂料的化学性质类似，因此通过有机物转化，可以有效提高基体金属与后续涂层的结合力。H. W. Shi 等研究了 pH 对 2024-T3 铝合金表面植酸转化膜的组织和性能的影响。研究表明，当转化液的 pH 为 3.0～5.5 时，转化膜具有最优的耐蚀性。美国辛辛那提大学的 W. J. Van Ooij 教授首先对双硫硅烷、双胺硅烷等硅烷偶联剂在铝合金表面的成膜工艺及后续耐蚀性做了系统的研究。他认为，产生于硅烷偶联剂水解的硅羟基和金属表面羟基反应生成的 Me—O—Si 结构能够在一定程度上提高基体的耐蚀性。但是，有机废液难以处理及目前硅烷化处理技术还未应用于实际的规模化生产，限制了有机物转化技术的发展。

（4）稀土转化

稀土转化是将金属基体浸入含有稀土盐的溶液中，在金属表面形成一层稀土金属盐转化膜的方法。澳大利亚航空研究所的 Hinton 等在 20 世纪 80 年代发现，将少量的 $CeCl_3$ 加入 NaCl 溶液中，会使 7075 铝合金的腐蚀速度显著降低，这一发现为稀土转化膜的诞生奠定了基础。时至今日，稀土转化法已经相对成熟。孙永聪研究了 LY12 铝合金表面稀土铈化学转化膜的成膜工艺，结果表明，当 $CeCl_3 \cdot 7H_2O$ 的质量浓度为 10 $g \cdot L^{-1}$、H_2O_2 的质量浓度为 30 $ml \cdot L^{-1}$、溶液 pH 为 3.0、转化温度为 30 ℃、转化时间为 8 min 时，制备的转化膜能够完整覆盖在基体的表面，并且能够提高基体的耐蚀性。但是，稀土元素成本较高、资源较少的问题限制了稀土转化膜的推广应用。

（5）阳极氧化

将金属基体置于适当的电解液中作为阳极进行通电处理的过程叫阳极氧化。阳极氧化处理可在金属基体表面形成厚度介于几微米至几百微米之间的氧化膜。一般来说，通过阳极氧化制备的膜层呈蜂窝状，但是与普通氧化膜相比，其耐蚀性、耐磨性及装饰性等都得到了有效的改善和提高。若采用的电解液和工艺条件不同，那么得到的阳极氧化膜的性质也不同。W. B. Xue 等研究了 Ti-6Al-4V 合金表面微弧氧化膜层的结构和性能。研究表明，以铝酸盐为电解液，通以交流电流，能够在合金表面形成以 $TiAl_2O_5$ 和 TiO_2 为主的氧化物膜层，而 $TiAl_2O_5$ 和 TiO_2 沿膜层厚度方向的分布决定了纳米硬度和弹性模量。王建华研究了不同电解液体系和正、负方向电流及占空比对 6063 铝合金表面阳极氧化物膜层的结构和性能影响，得到了最优的工艺参数。目前，应用阳极氧化工艺最成熟的金属材料是铝。除铝以外，工业上采用表面阳极化处理的金属还有镁合金、铜和铜合金、锌和锌合金、钢、镉、钽、锆等。

1.4.2 化学转化技术的原理

化学转化膜的成膜机理比较复杂。不同基体、不同成膜物质的化学转化反应机理不同，目前尚没有统一的理论。现以钢铁的磷化为例，简单介绍化学转化膜的成膜机理。曾有研究者以一个化学反应方程式简述磷化的成膜机理：

$$8Fe + 5Me(H_2PO_4)_2 + 8H_2O + H_3PO_4 \longrightarrow Me_2Fe(PO_4)_2 \cdot 4H_2O(\text{膜}) +$$

$$Me_3(PO_4)_2 \cdot 4H_2O(\text{膜}) + 7FeHPO_4(\text{沉渣}) + 8H_2 \tag{1-5}$$

式中，Me 代表 Zn、Mn、Ca、Fe 等二价金属离子。理论上，只要将金属放入温度较高的稀磷酸溶液中，就能够在其表面产生一层膜。但是，由于这种膜的防护性能不好，所以磷化一般是在含有 Zn^{2+}、Mn^{2+}、Ca^{2+}、Fe^{2+} 等的溶液中进行。当金属基体浸入到酸性磷化液中时，二者发生如下反应：

$$Fe + 2H^+ \longrightarrow Fe^{2+} + H_2\uparrow \tag{1-6}$$

该反应会降低基体与溶液界面处的酸度，从而促进金属表面可溶的磷酸盐转化为不溶的磷酸盐，并在金属基体表面沉积，生成磷化膜。其反应如下：

$$Me(H_2PO_4)_2 \longrightarrow MeHPO_4 + H_3PO_4 \tag{1-7}$$

$$3Me(H_2PO_4)_2 \longrightarrow Me_3(PO_4)_2 + 4H_3PO_4 \tag{1-8}$$

同时基体金属也可直接和酸性的磷酸二氢盐发生反应：

$$Fe + Me(H_2PO_4)_2 \longrightarrow MeHPO_4 + FeHPO_4 + H_2\uparrow \tag{1-9}$$

$$Fe + Me(H_2PO_4)_2 \longrightarrow MeFe(HPO_4)_2 + H_2\uparrow \tag{1-10}$$

其实，大部分假转化型磷化膜均为含有 4 个分子结晶水的磷酸盐。从以上各式可以看出，转化液的酸度对磷化起着重要作用。若酸度太低，则基体金属难以溶解，也就不能形成磷化膜；但若酸度太高，又会造成磷化膜的快速溶解，也不利于成膜，甚至根本不会上膜。因此，进行磷化处理时，必须严格把控转化液的酸度。

磷化是一个既包含化学过程又包含电化学过程的复杂反应。1940 年，W. Machu 最先用电化学方法研究了金属磷化过程中的结晶形核问题。他认为，磷化过程以电化学过程为主，包括阳极金属溶解和阴极氢离子放电，导致局部酸度降低，磷酸盐水解沉积于金属表面。图 1-10 是钢在以磷酸二氢锌为基础的转化液中进行磷化处理时的电位随时间的变化曲线。可以看出，化学转化过程主要分为以下 5 个阶段：钢铁基体的电化学腐蚀、非晶相的形成、基体的再溶解、晶体的结晶和长大及晶粒的重组。

当金属基体浸入磷酸盐化学转化液中时，立刻发生溶解，表面活性增大，电位移向更负的方向，这就是图 1-10 中的 *a* 阶段，即钢铁基体的电化学腐蚀阶段。当电压达到最大值（负值）时，磷化膜以最快的速度生长，反应过程如式（1-10）所示：

$$Fe + 2Zn(H_2PO_4)_2 \longrightarrow FeZn(PO_4)_2 + 2H_3PO_4 + 2H_2\uparrow \tag{1-11}$$

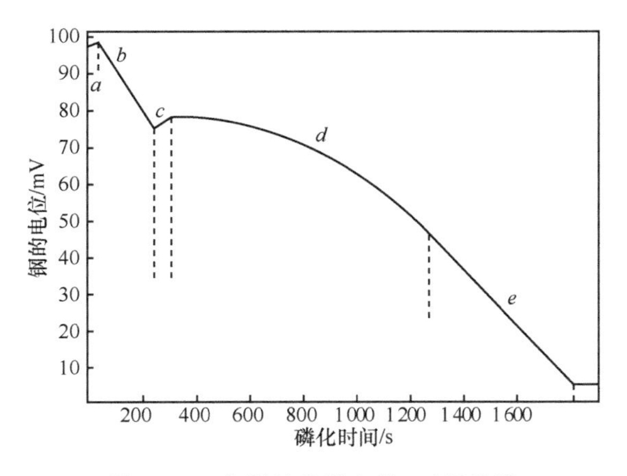

图 1-10 化学转化的电位-时间曲线

这样金属基体表面便会附着一层非晶型的磷酸盐膜。随着时间推移，金属基体的表面电阻迅速升高，于是电压急剧下降，这就是 *b* 阶段非晶相的形成阶段。因在 *b* 阶段的反应过程中产生了较多的 H_3PO_4，且非晶相有较多孔洞，因而 H_3PO_4 便可穿过非晶相层继续腐蚀金属基体。因此，电压稍有回升，即图 1-10 中的基体再溶解阶段（*c* 阶段）。在 *d* 阶段，电位缓慢降低，这是磷化膜的主要形成区间，膜的生长主要是依靠磷酸二氢锌的水解，水解反应的发生与腐蚀电池微阴极区氢离子浓度降低有关。在曲线的 *e* 阶段，发生的是磷酸盐化学转化膜的再结晶过程。Ghali 用附加恒电位进行磷酸盐化学转化处理，并测定阳极极化电流随时间变化的方法证明了重结晶的存在，电流的波动是磷酸盐化学转化膜层发生晶体溶解和再结晶的证据。

1.4.3 烧结钕铁硼永磁合金的表面转化膜

化学转化法因具有工艺简单、成本较低及处理样品形状不受限制等优点，其应用领域非常广泛，适用于多种金属材料，如钢铁、铝及其合金、镁及其合金、钛及其合金等。与其他基体材料相比，烧结钕铁硼永磁合金是一种新型功能材料，其表面防护方法以电镀、化学镀为主，而研究化学转化膜的制备相对较少。在现有的文献中，其表面转化膜以在碱金属的磷酸盐溶液中生成转化型磷化膜为主。

1997 年 I. Costa 等发现，将三元稀土铁系（RE-Fe-B）永磁材料浸入 0.15 mol/L 的 NaH_2PO_4 溶液中，会在其表面生成一种保护膜。X 射线光电子能谱（XPS）分析表明，这层保护膜主要由磷酸盐/焦磷酸盐和氧化物组成。该保护膜能够有效提高磁体的耐蚀性，而且当磁体浸入溶液中时，依旧能够提供保护。这表明，磷化处理可以作为一种提高磁体耐蚀性的手段。进一步研究发现，将 NaH_2PO_4 溶液酸化至 pH 为 3.8 时，磷化效果最好。而且，当磷化时间从 4 h 延长到 18 h 时，磷酸盐化学转化膜的性能得到优化，但所得的磷化膜只有当磁体处于相对温和的腐蚀介质中时才能够有效提高耐蚀性。为了进一步改善转化膜的性能，I. Costa 等相继研究了钼酸盐、钨酸盐对磷化膜的耐蚀性影响。当磷化时间为 4 h 时，少量的钼酸盐加入能够微弱的提高磷化膜的耐蚀性。但当磷化时间延长到 18 h 时，钼酸盐加入却会降低耐蚀性。钨酸盐的加入能有效提高磷酸盐化学转化膜的耐蚀性，这是因为钨酸盐会附着在磷酸膜孔洞所暴露的基体上，相当于修复了磁体表面磷化膜的缺陷。I. Costa 等还发现，将在 pH 为 3.8 的 NaH_2PO_4 溶液中磷化后的样品浸入 pH 为 4.0 的含有 3 g/L Ce（NO）$_3$、0.3 g/L H_2O_2、0.02 g/L H_3BO_3 的溶液中，在 25～30 ℃ 保温 120 min，会使烧结钕铁硼永磁合金表面的转化膜更为均匀致密，耐蚀性更好。

近年来，随着国内烧结钕铁硼永磁合金产业的不断发展，也有科研人员开始研究烧结钕铁硼永磁合金的化学转化技术。王春明等通过正交实验法配制了一种常温磷化液，其基础组分为 50 g/L 磷酸二氢钠、12 mL/L 磷酸、0.5 g/L 钼酸钠、0.2 g/L 促进剂、1.5 ml/L 阴离子表面活性剂。当转化液的游离酸度为 1.5 点、总酸度为 51 点、磷化温度为 30 ℃、磷化时间为 5 min 时，所获得的化学转化膜薄而致密，耐腐蚀性能优异。李青等研究了磷化液成分和磷化工艺对烧结钕铁硼永磁合金表面磷酸盐化学转化膜结构和性能的影响。结果表明，当磷化液组分为 50～60 g/L 磷酸二氢钾、0.35～0.69 g/L 钼酸铵、10～15 mL/L 磷酸，磷化液 pH 为 2.87、磷化温度为 45～65 ℃、磷化时间为 30～45 min 时，能够得到组织均匀、耐蚀性好的淡蓝色磷酸盐化学转化膜。

因转化型磷化膜有颜色，所以工业生产上往往会出现磷化膜外观不一致的问题，影响产品的均一性。而且，转化型磷化膜一般都比较薄，所以耐蚀性也不是很好。于是，人们尝试使用含有重金属离子的成膜型磷化液对烧结钕铁硼永磁合金进行磷化处理，以期获得更好的防护效果。而成膜型磷化液最早主要是针对钢铁材料研制的，移植到烧结钕铁硼永磁合金的防护上，需要进行磷化工艺优化。

H. Bala 等尝试通过在烧结钕铁硼永磁合金表面制备磷酸锌化学转化膜来提高磁体的耐蚀性。研究表明，将烧结钕铁硼永磁合金浸入 pH 为 2.0 的含有 0.75 mol/L Zn^{2+}、1.5 mol/L H_3PO_4、0.75 mol/L NO_3^- 及适量 F^- 的溶液中，能够获得附着力好、耐蚀性好的磷酸锌化学转化膜。这是因为 F^- 的加入会影响钕铁硼磁体中钕元素的阳极极化作用，使得磷化液优先溶解铁元素，而钕在基体表面富集，与磷酸或磷酸铁反应形成一层磷酸钕。

目前，国内也有少量关于烧结钕铁硼永磁合金表面假转化型磷酸盐化学转化膜的报道。赵复兴等研究了烧结钕铁硼永磁合金的锌系磷化，提出了一种适用的磷化工艺。他们特别强调，用于烧结钕铁硼永磁合金磷化的转化液中锌离子浓度要高于一般磷化钢铁件的转化液中的锌离子浓度，且需要严格控制游离酸度，这样才能保证磷化膜的质量。赵春英等研究了烧结钕铁硼永磁合金的超声磷化工艺，认为适用的最佳磷化配方及工艺条件为：60.0 g/L $Zn(H_2PO_4)_2$、100.0 g/L $Zn(NO_3)_2 \cdot 6H_2O$、3.5～5.0g/L $Ni(NO_3)_2 \cdot 6H_2O$、2.0g/L $NaNO_2$、4.0 g/L H_3PO_4、1.0 g/L NaF、1.0 g/L 酒石酸，游离酸度 3.0 点，总酸度 120.0 点，磷化温度 30 ℃，磷化时间 5 min。相比于常规磷化，超声磷化所得转化膜组织更为均匀、致密，膜厚和耐蚀性也有明显提高。

目前，烧结钕铁硼永磁合金的磷酸盐化学转化技术虽然有了一定程度的提高，但关于磷化机理的研究还不成熟，也没有形成固定的磷化工艺，系统的基础研究也基本处于空白状态，因而烧结钕铁硼永磁合金表面磷酸盐化学转化膜的质量差异很大，限制了化学转化技术在烧结钕铁硼永磁合金上的应用。因此，为了获得质量稳定的磷化膜，扩大化学转化技术的应用范围，仍需要加强基础研究。

1.4.4　化学转化技术的应用

化学转化膜具有广泛的用途，它不但可以作为最终精饰层，还可以作为其他涂层的中间层，其作用主要体现在以下几个方面。

①提高耐蚀性。因为磷化膜在通常的大气条件下比较稳定，而且它还是一层非金属的不导电隔离层，能够使金属基体表面从优良导体转化为不良导体，抑制金属基体表面微电池的形成，从而阻止金属的腐蚀。若在磷化处理后再进行重铬酸盐填充、浸油或涂蜡，可进一步提高金属的耐蚀性。

②用做涂装底层。因为磷化膜和金属基体是一个紧密结合的整体，其间没有明显界限，因此磷化膜与基体的结合力非常好。而磷化膜还具有多孔性，对有机涂层（如漆类）有很好的吸附力。因此，用磷化膜做涂装底层，可以有效提高金属基体与后续涂镀层间的结合力。

③耐磨润滑。因磷酸盐化学转化膜的摩擦系数很小，因此可以减小金属基体间的摩擦力。同时，磷化膜具有良好的吸油性能够在金属接触面之间形成一层缓冲层，使基体金属得到了物理和化学两方面的保护，减少了磨损。锰系磷化膜具有较高的硬度和热稳定性且耐磨损，因此已广泛应用于发动机活塞环、齿轮、制冷压缩机等工件。

④改善材料的冷加工性能。在金属表面制备磷酸盐化学转化膜之后再进行拉丝、挤压等塑性加工，可以减小拉拔力，延长拉拔模具寿命，减少拉拔次数。锌系磷化膜在经过皂化处理后，可形成润滑性很好的硬脂酸锌层，在挤出工艺、深拉工艺等各种冷加工中均有广泛的应用。

⑤ 用作绝缘功能膜。大多数化学转化膜是电的不良导体，因此很早就有用磷酸盐化学转化膜作硅钢片绝缘层的案例。这种绝缘层具有占空系数小、耐热性好且在冲裁加工时减少磨具磨损的特点，用于变压器、电动机转子、定子和其他电磁装置的硅钢片进行磷化处理后，能够大幅减少因涡流产生的损失。

此外，化学转化膜的颜色随着成膜离子变化而变化，可用作装饰性膜层。近年来，磷化技术还被用于制备隐身材料，在尖端科学领域也将发挥重要作用。

1.5 现存主要问题

烧结钕铁硼永磁合金作为一种新型功能材料，国内外研究者已经对其组织、性能及表面改性等做了很多深入的研究，但是也还存在以下几方面的问题。

①时效处理作为一种能够有效提高烧结钕铁硼永磁合金内禀矫顽力的重要工艺方法，其机理已经有了相关研究，但是对于具体的烧结钕铁硼永磁合金

（如 N40HCE 型、N38EH 型等）进行系统时效工艺优化的相关文献资料报道很少。

②通过时效处理能够提高磁体的内禀矫顽力已经为人熟知，但是时效处理对烧结钕铁硼永磁合金的力学性能、耐蚀性等影响，目前文献资料报道也很少。

③不同系列的磷酸盐化学转化膜已经被广泛应用于钢铁、铝合金、镁合金等金属材料的表面改性，但是关于烧结钕铁硼永磁合金表面磷酸盐化学转化膜的研究鲜有报道，尤其是关于转化液的 pH 和温度等工艺参数对磷酸盐化学转化膜的结构和性能影响等，还缺乏系统的研究。

1.6　主要研究内容

基于以上现存主要问题，本书的主要研究内容包括以下几个方面。

①研究时效处理对烧结钕铁硼永磁合金的磁性能、力学性能及耐蚀性影响。通过对烧结钕铁硼永磁合金进行不同的时效处理，获取能使磁体的磁性能达到最优且适用于工业生产的最佳时效工艺参数，并研究时效处理对磁体的组织与性能影响。

②研究烧结钕铁硼永磁合金在不同酸溶液中的腐蚀机理。通过对烧结钕铁硼永磁合金在盐酸溶液、硝酸溶液和磷酸溶液中的腐蚀行为和特征的实验与分析，确定制备后续涂镀层前的最佳酸洗工艺。

③研究化学转化液的 pH 对磷酸盐化学转化膜的成膜影响。通过改变溶液的 pH，测试其对转化膜的形貌、结构和性能影响，确定可以制备均匀、完整磷化膜的最佳 pH 范围。

④研究转化温度对磷酸盐化学转化膜的成膜影响。通过改变转化温度，测试其对转化膜的形貌、结构及性能影响，确定可以制备均匀、完整磷化膜的最佳转化温度。

第二章

试验内容与方法

2.1 基体材料、化学试剂与实验仪器

2.1.1 基体材料

本书试验研究所用的基体材料为 N40HCE 型烧结钕铁硼永磁合金。根据试验和表征测试方法的要求，将原始的块状磁体用线切割机加工成 5 种规格的试样，分别为 10 mm × 10 mm × 5 mm、5 mm ×5 mm ×35 mm、10 mm × 10 mm × 35 mm 和 25 mm × 25 mm × 2 mm 的长方体，以及 ϕ10 mm × 8 mm 的圆柱体。如无特殊说明，所用试样皆为 10 mm × 10 mm × 5 mm。线切割后的样品分别用汽油和丙酮进行超声清洗，再用 180#、400#、和 600# 的 SiC 砂纸进行粗磨和精磨，然后用无水乙醇清洗，吹干后备用。

2.1.2 化学试剂与实验仪器

根据试验需要，并遵循经济、环保、无污染原则，所用化学试剂和实验仪器分别如表 2-1 和表 2-2 所示。

表 2-1　化学试剂

试剂名称	结构式	纯度	生产厂家
无水乙醇	CH_3CH_2OH	分析纯（AR）	国药集团化学试剂有限公司
丙酮	$CH_3C(=O)CH_3$	分析纯（AR）	国药集团化学试剂有限公司
去离子水	H_2O	—	山东大学碳纤维研究中心
氢氧化钠	NaOH	分析纯（AR）	国药集团化学试剂有限公司
无水碳酸钠	Na_2CO_3	分析纯（AR）	国药集团化学试剂有限公司
硅酸钠	$Na_2SiO_3 \cdot 9H_2O$	分析纯（AR）	国药集团化学试剂有限公司
磷酸钠	$Na_3PO_4 \cdot 12H_2O$	分析纯（AR）	国药集团化学试剂有限公司
盐酸	HCl	分析纯（AR）	国药集团化学试剂有限公司
磷酸	H_3PO_4	分析纯（AR）	天津科密欧化学试剂有限公司
硝酸	HNO_3	分析纯（AR）	莱阳经济技术开发区精细化工厂
磷酸二氢锰	$Mn(H_2PO_4)_2 \cdot 4H_2O$	分析纯（CP）	国药集团化学试剂有限公司
氯化钠	NaCl	分析纯（AR）	国药集团化学试剂有限公司
三氧化铬	CrO_3	分析纯（AR）	国药集团化学试剂有限公司

表 2-2　实验仪器

仪器名称	设备型号	生产厂家
1200 ℃开启式真空/气氛管式电炉	SK-G05125K	天津中环实验电炉有限公司
恒温超声波清洗器	KQ-100B	昆山市超声仪器有限公司
精密 pH 计	pHS-3C	上海仪电科学仪器有限公司
精密电子分析天平	TE214S	赛多利斯科学仪器（北京）有限公司
磁力加热搅拌器	85-2	天津赛得利斯实验仪器厂
电热恒温水浴锅	DZKW-D-2	北京市永光明医疗仪器有限公司
电热鼓风干燥箱	101-3AB	天津泰斯特仪器有限公司
扫描电子显微镜	JSM-6610LV	日本电子株式会社
电化学工作站	CHI660E	上海辰华仪器有限公司

2.2 时效处理

采用高温加低温两级时效工艺进行烧结态钕铁硼永磁合金样品的时效处理。为获得烧结态钕铁硼永磁合金的最佳时效工艺参数，分别对高温时效阶段和低温时效阶段进行了工艺优化实验。

烧结钕铁硼永磁合金极易被氧化，且在高温条件下氧化现象会更为严重，因此在对样品进行时效处理时，应避免与空气接触。本试验使用天津中环实验电炉有限公司生产的 SK-G05/25K 型 1200 ℃开启式真空/气氛管式电炉，在真空状态下对样品进行时效处理。所用管式真空电炉的主要构造如图 2-1 所示。进行时效工艺试验时，样品放置于石英管内，并处于炉体中央。由复合真空计测量炉内的真空度，本试验的炉内真空度均保持在 1×10^{-3} Pa。

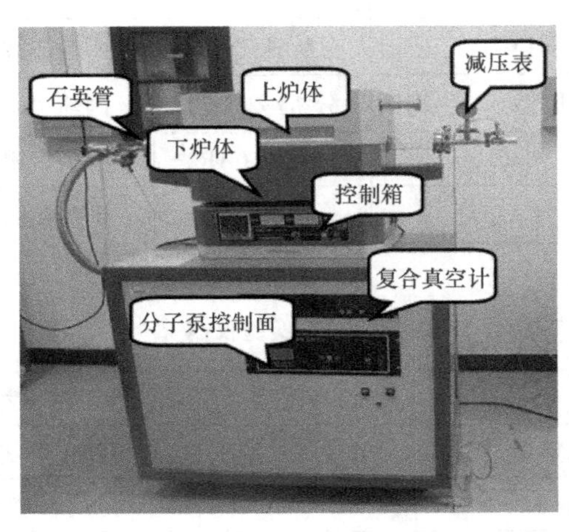

图 2-1　SK-G05125K 型 1200℃开启式真空/气氛管式电炉

首先进行低温时效工艺优化。根据文献资料，将高温时效工艺定在 850 ℃保温 2 h，然后随炉冷却；而低温时效工艺在 430 ～560 ℃进行优化，每间隔 10 ℃选择一个温度点，并在此温度保温 2 h，然后随炉冷却至室温。样品经时效处理后进行磁性能测试，根据磁性能测试的结果，确定最优的低温时效工艺。每种时效工艺取 3 个样品进行测试，取平均值。

确定了优化的低温时效工艺后，再对烧结钕铁硼永磁合金进行高温时效工艺优化实验。高温时效工艺优化的温度为600～1050 ℃，每间隔50 ℃选择一个温度点，并保温2 h，然后随炉冷却至室温。高温时效处理后，再分别对每组试样按优化的低温时效工艺进行处理，并根据样品的磁性能测试结果选定最优的高温时效工艺。每种高温时效工艺取3个样品进行测试，取平均值。

2.3　酸洗处理

为深入研究烧结钕铁硼永磁合金在不同酸溶液中的腐蚀机理，并为改善其表面清洗工艺提供重要的实验数据和理论依据，作者分别对烧结钕铁硼永磁合金在盐酸溶液、硝酸溶液和磷酸溶液中的腐蚀行为和特征进行实验与分析。

酸洗试验所用样品规格为10 mm × 10 mm × 5 mm和ϕ10 mm × 8 mm。分别配制1 mol/L的盐酸（HCl）溶液、1 mol/L的硝酸（HNO_3）溶液和1 mol/L的磷酸（H_3PO_4）溶液。在不同的酸溶液中分别放入清洗干净的样品，经过30 min腐蚀后取出，超声清洗，烘干。通过对样品的形貌观察、腐蚀速率测试及磁性能测量，确定最优的酸洗工艺。

2.4　化学转化处理

2.4.1　化学转化液的配制

试验用磷酸盐化学转化液，以马日夫盐[$Mn(H_2PO_4)_2$]为主要成膜组分，并加少量促进剂。配制转化液的初始pH为1.36，采用滴加氢氧化钠溶液和磷酸溶液的方式，将磷化液的pH分别调整为0.52、1.00、1.50、2.00和2.50，然后进行表征和分析，确定磷化液的各项指标是否符合使用要求。

2.4.2　化学转化液的表征

游离酸度（*FA*）与总酸度（*TA*）是评价化学转化液的主要指标。游离酸度是磷化液中游离磷酸的浓度；总酸度是磷化液中各种酸性物质浓度的总和，即磷酸一级、二级电离的 H^+，重金属盐类水解产生的 H^+，以及各重金属离子的总和。游离酸度和总酸度均用点数表征，总酸度与游离酸度的比值称为磷化液的酸比。

游离酸度与总酸度的测试方法：用移液管取 A mL 磷化液，置于 250 mL 的锥形瓶中，加入 50 mL 去离子水稀释，并滴入 2～3 滴甲基橙指示剂。用 0.1 mol/L 的标准 NaOH 溶液滴定，记录溶液变为橙色时所消耗的 NaOH 的体积 V_1 mL。再滴加 2～3 滴酚酞指示剂，用标准 NaOH 溶液继续滴定至溶液变为粉红色，记录此时消耗 NaOH 的体积 V_2 mL。根据式（2-1）和式（2-2）可分别计算磷化液的游离酸度和总酸度。

$$FA = \frac{V_1 \times c \times 100}{A} \tag{2-1}$$

$$TA = \frac{V_2 \times c \times 100}{A} \tag{2-2}$$

式中，FA 为游离酸度，点；TA 为总酸度，点；V_1 和 V_2 为滴定消耗的标准 NaOH 溶液的体积，mL；c 为标准 NaOH 溶液的实际浓度，mol/L；A 为所取磷化液的体积，mL。

2.4.3 化学转化工艺

烧结钕铁硼永磁合金表面一般都会存在油污或氧化物薄层。因此，制备磷酸盐化学转化膜之前，需要对磁体表面进行充分的前处理。前处理效果的优劣对后期转化膜的质量有重要影响。烧结钕铁硼永磁合金表面磷酸盐化学转化的工艺流程如图 2-2 所示。

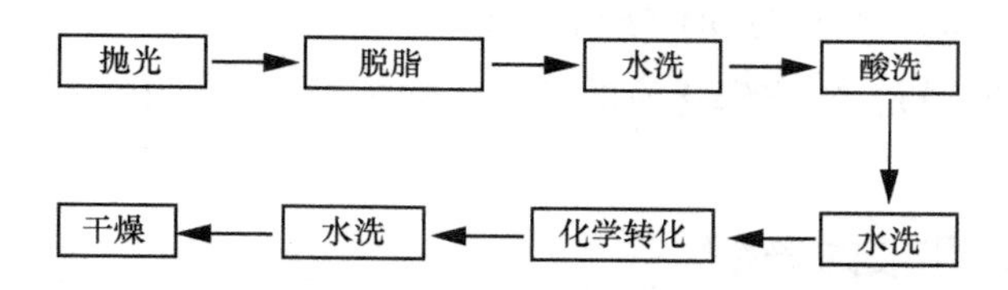

图 2-2 烧结钕铁硼永磁合金表面磷酸盐化学转化的工艺流程

将试样表面经砂纸打磨后，用丙酮和乙醇清洗。随后，浸入 60 ℃的碱性除油液中处理 15 min。然后，用清水洗净，浸入酸溶液中腐蚀除锈，并用去离子水多次超声洗净后，将样品放入转化液中进行化学转化处理。转化结束后，将样品用去离子水清洗干净，自然晾干。

2.5 材料表征与分析方法

2.5.1 磁学性能表征

烧结钕铁硼永磁合金作为一种永磁材料，其磁性能必然是评价其质量优劣的最重要指标。本试验采用中国计量科学研究院磁性测量实验室研发的 NIM-2000 型永磁材料精密测量系统测试烧结钕铁硼永磁合金的磁性能。

测试样品磁性能前，首先需将磁体磁化到饱和态，然后加反向磁场使其磁化强度返回到零，即可得到其退磁曲线。磁场由电磁铁和可调双向稳流电源产生，所测样品的矫顽力通过霍耳探头和集成电路组成的线路测量；剩磁和极化强度通过电子积分器所测的磁通量计算而得。经计算机采集数据、处理后，即可打印出退磁曲线、内禀退磁曲线、磁能积曲线，并输出剩磁、内禀矫顽力、最大磁能积和退磁曲线方形度等主要技术指标。测试时，温度保持为 20 ℃，每组样品取 3 个进行检测，求平均值和标准差。

2.5.2 力学性能表征

本书从烧结钕铁硼永磁合金的抗弯强度、抗压强度、硬度和脆性对其力学性能进行表征。

按照金属材料弯曲验方法（GB/T 232—2010），抗弯试验采用三点弯曲试验法，试样尺寸为 5 mm × 5 mm × 35mm，测量跨矩 L 为 25.7 mm。图 2-3 为三点弯曲试验原理示意。

采用 Instron 8502 型液压伺服疲劳试验机进行抗弯试验，加载速率为 0.1 mm/min，沿烧结钕铁硼永磁合金的充磁方向加压。每组试样选 5 个进行

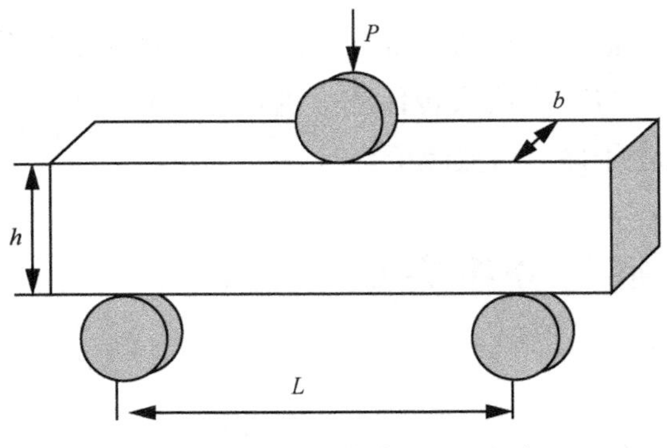

图 2-3　三点弯曲试验原理示意

测试，记录试样断裂时的加载压力，其抗弯强度根据式（2-3）计算。

$$R_{tr} = \frac{3PL}{2bh^2} \tag{2-3}$$

式中，R_{tr} 是抗弯强度，MPa；P 是试样断裂时的载荷，N；L 是两支点间的跨距，25.7 mm；b 是测试样品的宽度，5 mm；h 是测试样品的高度，5 mm。

按照《烧结金属摩擦材料抗压强度的测定方法》GB/T　10424—2002，抗压试验采用德国 SCHENCK TREBEL 型材料试验机对烧结钕铁硼永磁合金样品进行抗压强度测试。试样尺寸为 ϕ10 mm × 8 mm，压头加载速率为 5 mm/min，加载方向沿烧结钕铁硼永磁合金充磁方向。每组试样选 5 个进行测试，记录试样断裂时的加载压力，其抗压强度根据式（2-4）计算。

$$\delta_s = \frac{F}{\pi R^2} \tag{2-4}$$

式中，δ_s 是抗压强度，MPa；F 是试样断裂时的载荷，N；R 是测试样品的半径，5 mm。

采用压痕法测试烧结钕铁硼永磁合金的显微硬度和维氏硬度。样品表面清理后，用砂纸打磨，再进行抛光处理。显微硬度测试使用 DHV-1000 型数显微硬度计，试验载荷为 2.94 N，保荷时间为 10 s，试样尺寸为 5 mm × 5 mm × 35 mm，沿平行于充磁方向测量试样的显微硬度，每个样品测试 10 个点，取其平均值并计算标准差。维氏硬度测试在 HV-1000 型维氏硬度计上进行，压痕载荷分别为 9.8 N、49 N、98 N、196 N 和 294 N，保荷时间为 10 s。试样尺寸为 10

mm × 10 mm × 35 mm，加载方向沿钕铁硼磁体充磁方向，每个载荷下测试 5 个点，取其平均值并计算标准差。

烧结钕铁硼永磁合金的脆性检测采用声发射检测与维氏硬度压痕相结合的方法，试样尺寸为 10 mm × 10 mm × 35 mm。样品表面清理后，用砂纸打磨，再进行抛光处理。压痕实验在 HV-1000 型维氏硬度计上进行，压痕载荷分别为 9.8 N，49 N，98 N，196 N 和 294 N，保荷时间为 10 s。采用 4010 系列声发射仪进行声发射检测，前置放大器的增益为 40 dB，主放大器的增益为 40 dB，固定门槛电压为 1 V，声发射探头的谐振频率为（150 ± 50）kHz，选用声发射能量累积计数（E_n）的数值作为声发射测量参量。

进行脆性测试时，将声发射探头用凡士林耦合于试样侧表面，夹紧，以防松动造成摩擦干扰噪声。在试样表面进行维氏硬度压痕实验的同时，在声发射仪上测出相应压痕产生的声发射能量累积计数（E_n）的数值。图 2-4 为烧结钕铁硼永磁合金的脆性测试装置。

图 2-4 烧结钕铁硼永磁合金的脆性测试装置

采用 Nikon-EpipHot 300 型金相显微镜观察维氏硬度压痕周围形成的表观裂纹，并测量表观裂纹的总长度（L）的值。

2.5.3 耐蚀性能表征

烧结钕铁硼永磁合金及其表面磷酸盐化学转化膜的耐蚀性主要通过静态全浸腐蚀实验和电化学行为来表征，前者以样品腐蚀前、后的重量损失为测量标准。

通过静态全浸法获取被测样品处于腐蚀介质中减少的质量，进而计算腐蚀速率。腐蚀溶液质量分数为3.5%的NaCl溶液，溶液温度为（25 ± 1）℃，样品尺寸为25 mm × 25 mm × 2 mm的薄片，浸泡时间为192 h。具体操作流程：配制质量分数为3.5%的NaCl溶液，每个烧杯中倒入75 mL，测试前用软刷将样品刷洗后干燥称重，精确到0.1 mg。随后，把样品放置在烧杯内腐蚀溶液（175 mL质量分数为3.5%的NaCl溶液）的中间位置，每个烧杯仅可放入一种样品，浸泡一定时间后，将样品取出，再次用软刷刷洗，以清除其表面的腐蚀产物。最后，干燥称量，精确到0.1 mg，便可得样品的腐蚀速率。每种样品在新的腐蚀溶液中重复3次，取平均值。腐蚀速率可用式（2-5）计算。

$$\nu = \frac{M_1 - M_2}{St} \tag{2-5}$$

式中，ν为腐蚀速率，mg/（cm^2·h）；M_1为样品腐蚀前质量，mg；M_2为样品腐蚀后质量，mg；S为样品表面积，cm^2；t为浸泡时间，h。

采用电化学方法研究烧结钕铁硼永磁合金基体及磷酸盐化学转化膜在质量分数为3.5%的氯化钠溶液中的腐蚀行为。电化学测试体系采用的是典型的三电极体系，如图2-5所示，其中工作电极为所测试样，测试面积为1 cm^2，其余非测试面积用环氧树脂封闭，铂电极和饱和甘汞电极分别为辅助电极和参比电极。

本试验采用辰华CHI660E型电化学工作站测试Tafel极化曲线，扫描速度是5 mV/s。通过极化曲线，利用塔菲外推法可以获得样品的腐蚀电流（I_{corr}），腐蚀电压（E_{corr}）和Tafel斜率，其示意如图2-6所示。样品的极化电阻（R_p）可以由式（2-6）计算。

$$R_p = \frac{\beta_a \times \beta_c}{2.303 I_{corr} \times (\beta_a + \beta_c)} \tag{2-6}$$

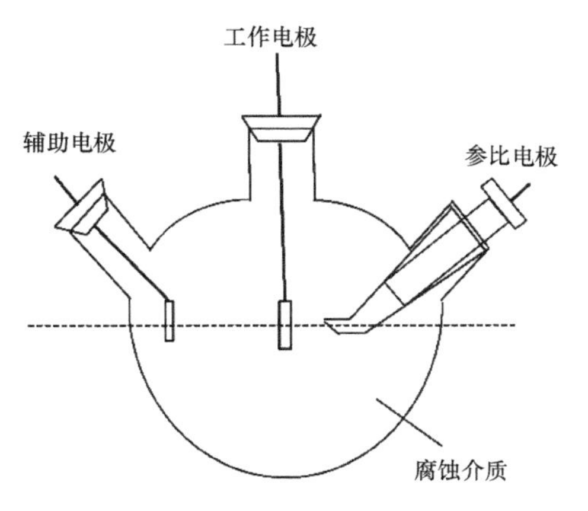

图 2-5 电化学装置示意

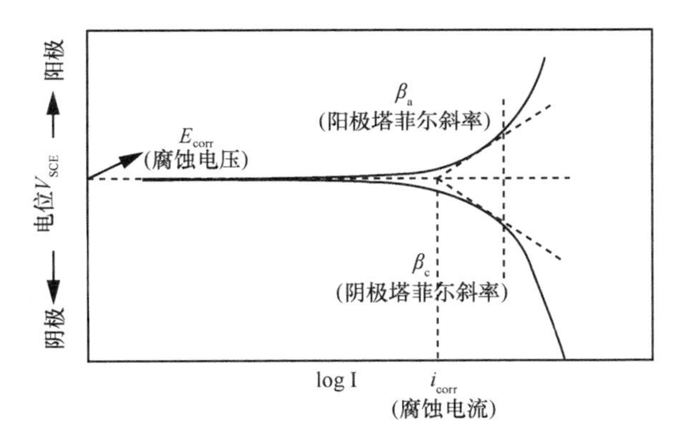

图 2-6 塔菲外推法原理

式中，R_p 为极化电阻，$\Omega \cdot cm^2$；I_{corr} 为腐蚀电流，$\mu A/cm^2$；β_a 和 β_c 为阳极和阴极的 Tafel 斜率，V/decade。

磷酸盐化学转化膜的腐蚀防护效率（P_E）可由极化曲线获得，可由式（2-7）计算。

$$P_E = \left(1 - \frac{i_{corr}}{i_{corr}^0}\right) \times 100\% \tag{2-7}$$

式中，P_E 为腐蚀防护效率；i_{corr} 和 i_{corr}^0 分别是经过化学转化处理的样品和基体的腐蚀电流，$\mu A/cm^2$。

测试样品在质量分数 3.5% 的氯化钠溶液中开路电位随时间的变化曲线，开路电位-时间曲线表征的是样品的稳定性。电化学阻抗是一种暂态电化学技术，主要是通过对被测试样施加一小振幅正弦波，并用响应的电流信号进行检测和分析，从而确定样品的电化学特征。这种方法因具有检测效率高、对被测试样无损伤的优点，而被广泛用于膜层的耐蚀性研究。本试验是工作电极在3.5%氯化钠溶液中达到稳定的开路电位后进行测试，外加正弦波扰动幅值为5 mV，扫描频率为0.01～1.00×10^5 Hz。

2.5.4 显微组织观察

采用光学显微镜和扫描电子显微镜对烧结钕铁硼永磁合金样品及其表面的磷酸盐化学转化膜进行显微组织观察。

光学显微镜（Optical microscope，OM）是研究金属材料微观组织的最为传统的工具。采用尼康 EpipHot 300 型金相显微镜观察样品的显微组织。在进行组织观察前，需要对样品进行切割、镶嵌、打磨、抛光和腐蚀等预处理。本试验中使用的腐蚀剂为3%的硝酸酒精溶液。

扫描电子显微镜（Scanning electron microscope，SEM）是一种利用聚焦电子束在样品表面扫描时激发出来的各种物理信号来调制成像的一种电子光学仪器。根据所接收的样品表面产生信号的不同，扫描电镜可以成二次电子像、背散射电子像及吸收电子像等，因此既可以用做成形貌像，也可以用做成分像，是目前材料科学研究中最常用的测试手段之一。此外，扫描电镜带有的附件——X 射线能谱仪（Energy-dispersive X-ray spectrometer，EDS），能够对样品的微区（包括点、线、面）进行定量或半定量的成分分析，可以帮助我们对所测试样品的微观形貌和微区成分做同位分析。本试验中采用 JEOL JSM-6610LV 型扫描电镜观察和测定样品的表面形貌和微区成分，对于导电性能较差的带有磷酸盐化学转化膜的样品，测试前先利用日立 Hitachi E-1010 Ion Sputter 离子溅射仪对样品表面进行喷金处理。

2.5.5 相结构分析

本试验中采用 X 射线衍射仪和透射电子显微镜对烧结钕铁硼永磁合金及其表面的磷酸盐化学转化膜进行相结构的分析。

X射线衍射分析（X-ray diffraction，XRD）是物相分析的常用手段，它是根据试样衍射峰的位置、数量及相对强度等信息确定试样中所包含的相种类及相对含量的一种测试方法。本试验利用 Rigaku D/max-rc 型 X 射线衍射仪分析烧结钕铁硼永磁合金及其表面的磷酸盐化学转化膜的相组成。测试时，辐射源为波长 $\lambda = 0.154\ 06$ nm 的铜靶（Cu-Kα），加速电压为 40 kV，加速电流为 100 mA，计数器的样间隔为 0.02°，扫描速度为 4°/min，扫描范围为 5°～90°。通过 Jade 5.0 和粉末衍射卡片集（PDF 卡）找到与所得衍射图谱相匹配的物相。

高分辨透射电子显微镜（High resolution transmission electron microscope，HRTEM）是以波长超短的电子束作为照明源，用电磁透镜聚焦成像的一种高分辨率、高放大倍数的电子光学仪器。它不仅可以进行组织形貌观察和电子衍射分析，还可以获得材料的一维晶格条纹像、二维晶格点阵像及原子结构像。本试验采用日子电子株式会社的 JEM-2100 型高分辨透射电子显微镜，对样品的形貌及晶格结构进行分析。测试前，先将烧结钕铁硼永磁合金表面的磷酸盐化学转化膜刮下，置于装有无水乙醇的容器中，放在超声波清洗器中进行分散；然后用滴管吸取含有样品的溶液并滴到有碳膜支撑的铜网上，干燥后，即可放入电镜中进行形貌观察和选区电子衍射分析。测试过程中加速电压为 200 kV。

2.5.6　差热分析

热重（Thermal gravimetry，TG）和差示扫描热分析（Differential scanning calorimetry，DSC）都是重要的热分析方法。热重是指在程序控温下，测量样品的质量变化随温度（或时间）关系的测试技术；而差示扫描热分析测量的是样品和参比物的补偿加热功率差与温度（或时间）的关系。本试验通过研究烧结钕铁硼永磁合金在升温过程中的差热曲线，分析样品在测试温度区间内的相变信息。试验采用德国 Netzsch STA 449 F3 型同步热分析仪，测试温度范围为 50～900℃，升温速度为 10 ℃/min，测试过程中使用氩气保护。

2.5.7 转化膜的膜重分析

根据 GB/T 9792—2003 的相关规定，采用失重法测定各组磷酸盐化学转化膜的膜重。将制备好的磷化试样彻底干燥后，用分析天平称重，记录质量 m_1，然后将样品浸于 50 g/L 的三氧化铬退膜溶液中，在 75 ℃下浸泡 15 min，取出样品立刻在洁净的流动水中冲洗，再用去离子水冲洗，迅速干燥后称重。重复上述流程，直至样品的质量相差小于 0.1 mg 为止，记录质量 m_2。试验中，每一个样品均采用新鲜的退膜溶液，每组样品取 3 个测试，取平均值。膜重按式（2-8）计算。

$$m_A = \frac{m_1 - m_2}{A} \tag{2-8}$$

式中，m_A 为磷化膜的膜重，g/m^2；m_1 为磷化处理后样品的质量，g；m_2 为退膜后的质量，g；A 为样品的总表面积，m^2。

2.5.8 红外吸收光谱分析

红外光谱属于分子振动光谱，是官能团鉴定和结构分析的重要工具。物质红外光谱中吸收峰的强度、位置和形状可以反映分子内部原子之间的相对振动和分子转动等信息。因此，可以利用红外光谱确定物质分子中含有哪些基团，从而推断该物质的结构。本试验采用美国 Bruker 公司生产的 Tensor37 型傅里叶变换红外光谱仪（Fourier transform infrared spectrometer，FTIR）测试烧结钕铁硼永磁合金表面磷化盐化学转化膜的基团。测试时将样品膜层刮下，刮下的膜层与 KBr 粉末按比例混合，并压片，在 4000～400 cm^{-1} 波长范围内进行扫描，分辨率为 4 cm^{-1}，扫描次数为 32 次。

2.5.9 结合强度分析

膜层与基体之间的结合力是评价膜层性能优劣的重要指标之一。测试膜基结合力的方法有划痕法、拉伸法和划格法等。本试验在磷酸盐化学转化膜上静电喷涂环氧树脂后，采用划格法表征烧结钕铁硼基体与转化膜之间的结合力。测试时，将试样固定在水平板上，用刀具在试样表面划 11 条间距为 1 mm 的平行切割线，然后将样品旋转 90°，再做 11 条间距为 1 mm 的平行切割线，并且使所有的切割都划透至底材表面，这样就会在样品表面形成 100 个 1 mm^2 的正方形格阵。用软毛刷沿着网格图形的对角线往返轻刷几次，然后将胶带粘在格阵上，并压平压紧，在贴上胶带的 5 min 内，拿住胶带悬空的一段，以接近 60°的角度快速平稳的拉去胶带，观察格阵中正方形被剥离的状况。根据涂层附着力划格法测试的评定标准（GB/T 9286—1998）确定等级，等级的评定如表 2-3 所示。

表 2-3　划格法测试的评级标准

等级	现象
0	切割边缘完全平滑，格阵中没有任何格脱落
1	在切口交叉处的涂层有少许格分离，但格阵中受影响的格数小于 5%
2	在切口边缘或交叉处的涂层脱落格数明显大于 5%，但小于 15%
3	涂层沿切割边缘，有部分或全部以大碎片脱落，或在格阵中的不同部位，出现部分或全部脱落，脱落格数明显大于 15%，但小于 35%
4	涂层沿切割边缘，出现大碎片脱落，或在格阵中的不同部位，出现部分或全部脱落，脱落格数明显大于 35%，但小于 65%
5	比 4 级还严重的剥落

2.5.10　转化膜的润湿性分析

当液滴滴于固体表面时，会自动与固体表面成一定的接触角铺展开来，如图 2-7 所示，θ 即为液滴与固体表面的接触角（Contact angle）。接触角能够直观地反映出膜层与液滴润湿性的关系。接触角越小，则润湿性越好。

本试验采用最常用的液滴法测试烧结钕铁硼永磁合金表面磷化盐化学转化膜的润湿性，利用上海中晨数字技术设备有限公司生产的 JC2000D3X 型整体旋转接触角测量仪测试接触角。在室温下，用微型注射器将去离子水滴到磷化膜表面，1min 后利用设备自带的光学系统图像放大器拍照，并用拟合分析法测量接触角。测试时，每组样品取 3 个进行检测，并且每个样品取 3 个测试点，求平均值。

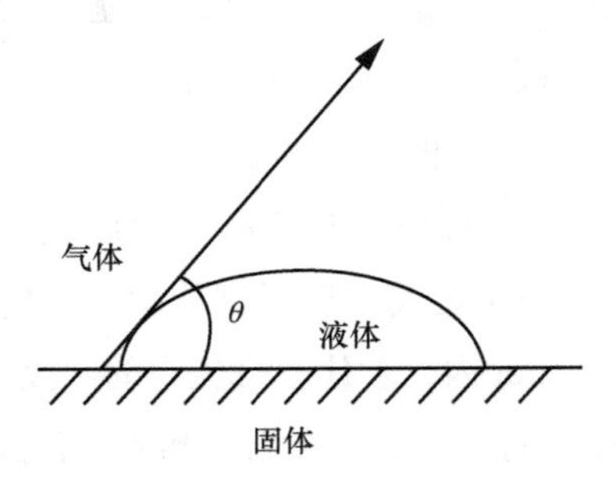

图 2-7　接触角示意

2.5.11　转化膜的摩擦性能分析

本试验采用 MS-T3000 型摩擦磨损试验机测试烧结钕铁硼永磁合金表面磷酸盐化学转化膜的摩擦性能。测试方法为旋转摩擦法，其工作原理是通过样品台的旋转带动固定在其上的试验样品旋转，旋转样品与被砝码施加了一定正压力的磨球接触，并发生相对运动。通过传感器捕捉摩擦信号，经过放大处理后，输入计算机，再经 *A/D* 转换，将摩擦力信号进行运算，得到摩擦系数曲线。在室温下进行测试，选用不锈钢磨球，设定旋转速度为 50 r/min，旋转半径为 3 mm，加载载荷为 0.5 N，测试时间为 60 min。

第三章

时效处理对烧结钕铁硼永磁合金的性能影响

烧结钕铁硼永磁合金的磁性技术参量主要有剩磁（B_r）、内禀矫顽力（H_{cj}）及最大磁能积（$(BH)_m$）等，都是组织敏感参量。磁体的化学成分虽然是决定这些技术参量（理论值）的基本条件，但磁体的显微组织结构也是决定这些技术磁参量的重要因素。因此，为了获得性能优异的高矫顽力烧结钕铁硼永磁合金，在优化磁体成分体系同时，还应对其生产工艺进行优化。

一般来说，烧结态钕铁硼永磁合金的磁性能不理想，而烧结后进行时效处理则能够有效提高磁体的磁性能，尤其是内禀矫顽力。时效处理作为一种晶界改性的方法，其原理是通过改善磁体中晶界富钕相的形貌、分布和数量，从而优化显微组织，提高磁体的磁性能。烧结钕铁硼永磁合金的时效处理可分为一级时效和二级时效两种。研究表明，二级时效处理可使磁体可获得更优异的磁性能。时效处理的优势在于既可以不消耗昂贵的稀土元素，又可以在保证磁体剩磁和最大磁能积基本不变的前提下，显著提高其内禀矫顽力。

本章通过研究系列低温和高温时效工艺处理后烧结钕铁硼永磁合金的磁性能，确定相对最优的二级时效工艺，并研究时效处理对烧结钕铁硼永磁合金的力学性能和耐蚀性影响，进而探讨磁体的性能与组织结构之间的对应关系。

3.1　时效工艺优化

文献资料表明，烧结钕铁硼永磁合金的高温时效温度一般在 800～950 ℃，

即合金的二元共晶 $L' \rightarrow T_1+T_2$ 温度附近。这是因为在高温下，晶界交隅处的富钕相能够迅速转变为液相，并析出少量 $Nd_2Fe_{14}B$ 主晶相。烧结钕铁硼永磁合金的低温时效温度一般在 480～650 ℃，即合金的三元共晶温度左右。此时，继续发生共晶反应，但这一相变并不是形核长大的过程，而是在原有 $Nd_2Fe_{14}B$ 主晶相晶粒表面的长大，因此会改善主晶相与富钕相的界面特征，提高磁体的内禀矫顽力。因不同系列烧结钕铁硼永磁合金的共晶温度与其成分有关，因此最佳的时效工艺应通过差热分析确认最低共晶温度，并结合时效工艺试验来确定。图 3-1a 是烧结态钕铁硼永磁合金样品以 10 ℃/min 的速度从 50 ℃加热到 900 ℃的差热曲线，图 3-1b 是同样条件下降温时的差热曲线。

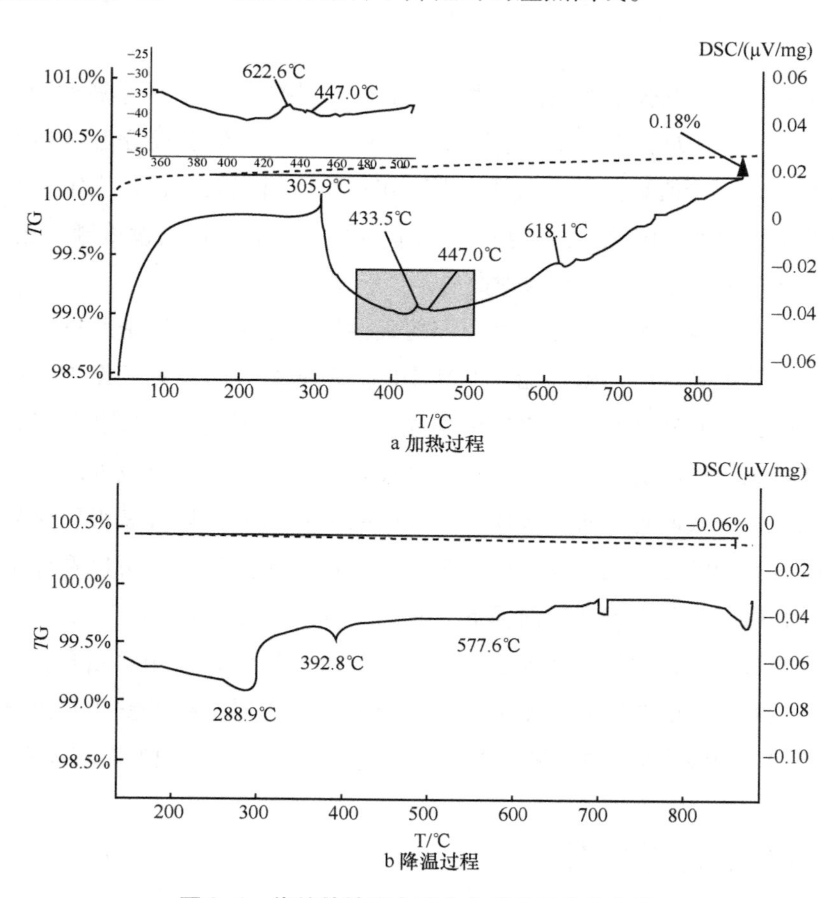

图 3-1　烧结钕铁硼永磁合金样品的差热曲线

从图 3-1a 可以看出，在升温过程中，有 3 个明显的吸热峰，第 1 个最明显的吸热反应发生在 305.9 ℃，这是 $Nd_2Fe_{14}B$ 主晶相的居里温度；第 2 个是发生在 433.5 ℃的低共晶转变；第 3 个是 618.1 ℃时的吸热峰则是磁体的三元共晶转变温度。在图 3-1b 显示的降温过程中，两个共晶转变分别发生在 577.6 ℃和 392.8 ℃，288.9 ℃是 $Nd_2Fe_{14}B$ 主晶相的居里温度，与升温过程基本一致。另外，从图 3-1 的热重曲线还可以看出，在升温和降温过程中，烧结钕铁硼样品的质量均有增加，这与样品测试过程中的轻微氧化有关。

3.1.1　低温时效工艺优化

表 3-1 是烧结钕铁硼永磁合金的低温时效样品编号及对应的工艺参数。其中，编号为 L1 的样品是既不经过高温时效也不经过低温时效的烧结态样品，编号为 L2 的样品是只经过一级高温时效处理的样品。

表 3-1　烧结钕铁硼永磁合金的低温时效样品编号及对应工艺参数

样品编号	高温时效工艺	低温时效工艺
L1	—	—
L2	850 ℃×2 h	—
L3	850 ℃×2 h	430 ℃×2 h
L4	850 ℃×2 h	440 ℃×2 h
L5	850 ℃×2 h	450 ℃×2 h
L6	850 ℃×2 h	460 ℃×2 h
L7	850 ℃×2 h	470 ℃×2 h
L8	850 ℃×2 h	480 ℃×2 h
L9	850 ℃×2 h	490 ℃×2 h
L10	850 ℃×2 h	500 ℃×2 h
L11	850 ℃×2 h	510 ℃×2 h
L12	850 ℃×2 h	520 ℃×2 h
L13	850 ℃×2 h	530 ℃×2 h
L14	850 ℃×2 h	540 ℃×2 h

续表

样品编号	高温时效工艺	低温时效工艺
L15	850 ℃×2 h	550 ℃×2 h
L16	850 ℃×2 h	560 ℃×2 h

图 3-2 是经不同低温时效工艺处理后钕铁硼永磁合金样品的磁性能。从图 3-2 可以看出，样品经时效处理后，其剩磁变化不大，但内禀矫顽力明显提高。其中，编号为 L13 样品的内禀矫顽力最高，为 17.03 kOe，比烧结态样品的 13.11 kOe 提高了 29.9%。除样品 L2 和 L3 外，其他各组样品的方形度也相近。在综合考虑各项磁性能的基础上，我们认为编号为 L13 的样品所对应的时效工艺为相对最优的时效工艺。

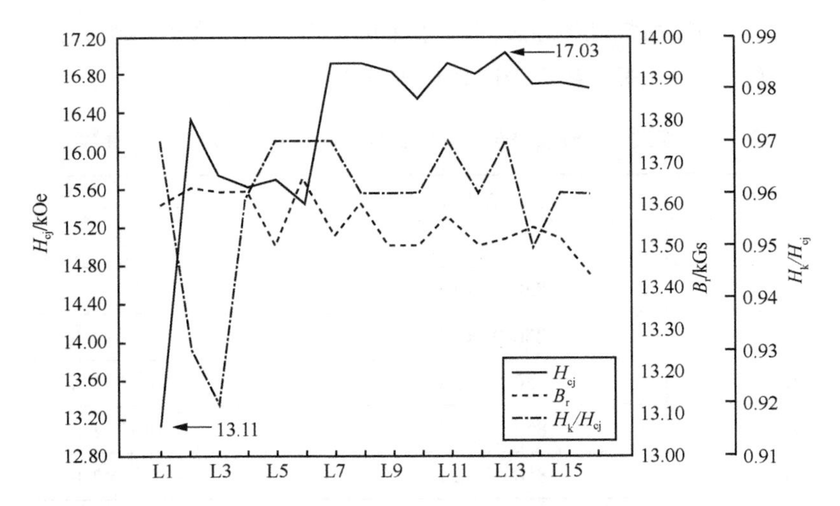

图 3-2　经不同低温时效工艺处理后烧结钕铁硼永磁合金样品的磁性能

3.1.2　高温时效工艺优化

表 3-2 是烧结钕铁硼永磁合金高温时效样品编号及对应的工艺参数。其中，编号为 H1 的样品是既不经过高温时效，也不经过低温时效的烧结态样品。

表 3-2　烧结钕铁硼永磁合金的高温时效样品编号及对应工艺参数

样品编号	高温时效工艺	低温时效工艺
H1	—	—
H2	600 ℃×2 h	530 ℃×2 h
H3	650 ℃×2 h	530 ℃×2 h
H4	700 ℃×2 h	530 ℃×2 h
H5	750 ℃×2 h	530 ℃×2 h
H6	800 ℃×2 h	530 ℃×2 h
H7	850 ℃×2 h	530 ℃×2 h
H8	900 ℃×2 h	530 ℃×2 h
H9	950 ℃×2 h	530 ℃×2 h
H10	1000 ℃×2 h	530 ℃×2 h
H11	1050 ℃×2 h	530 ℃×2 h

图 3-3 是经不同高温时效工艺处理后烧结钕铁硼永磁合金的磁性能。从图 3-3 可以看出，样品经时效处理后，其剩磁变化不大，方形度也基本稳定，在 0.97～0.99。但矫顽力明显提高，其中编号为 H7 样品的内禀矫顽力最高，为 17.05 kOe。因此，将 H7 样品所对应的时效温度 850 ℃确定为相对最优的高温时效温度。

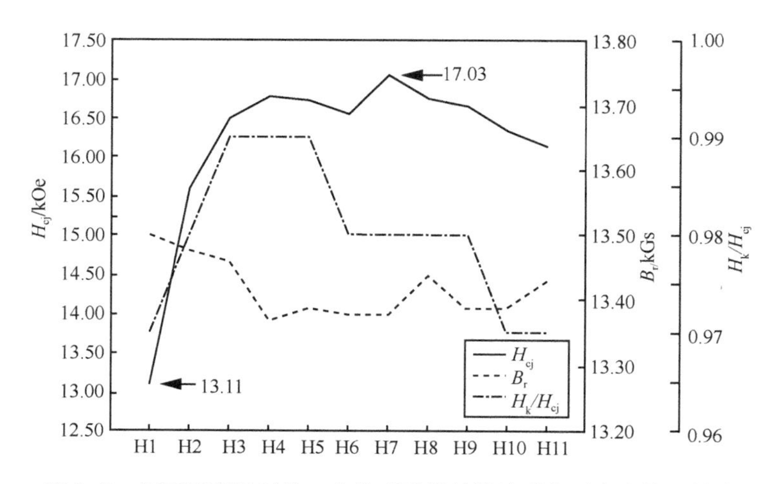

图 3-3　经不同高温时效工艺处理后烧结钕铁硼永磁合金的磁性能

从低温时效工艺优化实验和高温时效工艺优化实验的结果可知，使烧结钕铁硼永磁合金内禀矫顽力达到最优的工艺为在 850 ℃保温 2 h 后，再在 530 ℃保温 2 h。为检验此时效工艺的可靠性，在相同的实验条件下，进行两次重复实验，每次取 4 个样品进行测试，测试结果如图 3-4 和图 3-5 所示。

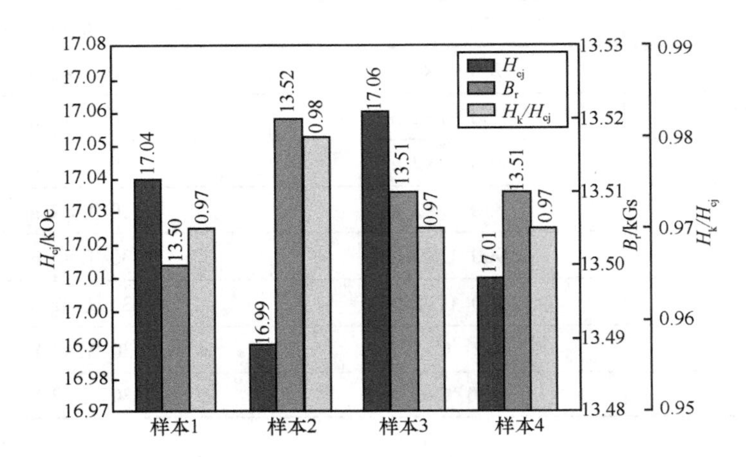

图 3-4　优化时效处理工艺检验的第 1 次重复实验

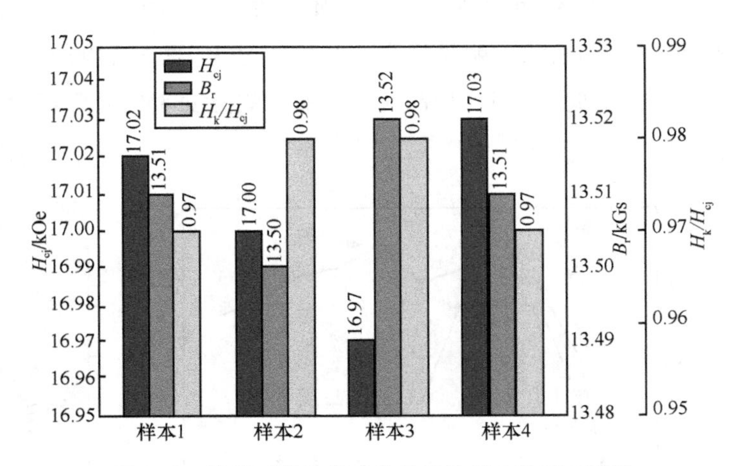

图 3-5　优化时效处理工艺检验的第 2 次重复实验

从图 3-4 和图 3-5 可以看出，在第 1 次重复实验中，烧结钕铁硼永磁合金内禀矫顽力的平均值为（17.025 ± 0.031）kOe；在第 2 次重复实验中，烧结钕铁硼永磁合金内禀矫顽力的平均值为（17.005±0.026）kOe。从两次重复实验的结果可以看出，样品经过优化时效工艺处理后，内禀矫顽力明显提高且波动较小，说明此优化时效工艺的重复性较好。因此，本试验的优化时效处理工艺参数为 850 ℃保温 2 h 后，再在 530 ℃保温 2 h。

3.1.3　分析讨论

为探索时效处理提高烧结钕铁硼永磁合金内禀矫顽力的机理，对烧结态和时效态的样品进行相结构和显微组织分析。

图 3-6 是时效处理前后烧结钕铁硼永磁合金样品的 X 射线衍射图谱。从图 3-6 可以看出，烧结态和时效态样品的三强峰晶面均是 $Nd_2Fe_{14}B$ 主晶相的（006）、（105）和（008）。可见，时效处理对烧结钕铁硼永磁合金样品的相组成没有影响。$I_{(006)}/I_{(105)}$ 的比值通常用来表征烧结钕铁硼永磁合金的取向度大小，其中 $I_{(006)}$ 和 $I_{(105)}$ 分别是 $Nd_2Fe_{14}B$ 相（006）和（105）晶面的 X 射线衍射峰强度。由图 3-6 可以看出，烧结态和时效态钕铁硼永磁合金的 $I_{(006)}/I_{(105)}$ 差别不大。因此，时效处理对烧结钕铁硼永磁合金样品的取向度影响也不大。

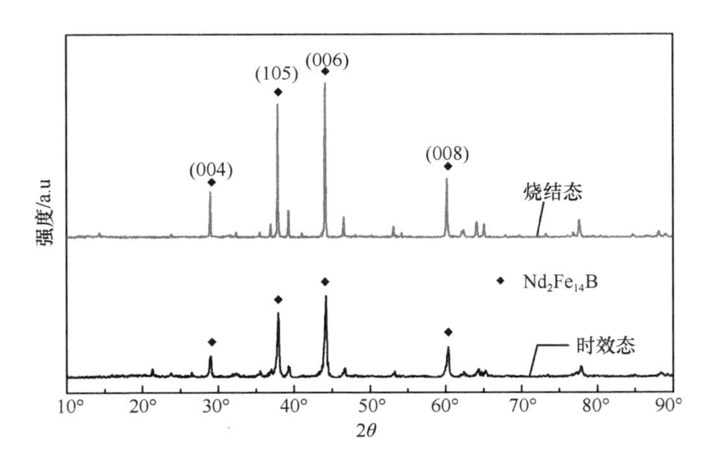

图 3-6　时效处理前后烧结钕铁硼永磁合金样品的 X 射线衍射图

图 3-7 是时效处理前后烧结钕铁硼永磁合金样品的晶相组织。图中浅色区域为 $Nd_2Fe_{14}B$ 主晶相，深色区域为晶界富钕相、富硼相及烧结粉末之间的孔隙。将图中的深色组织作为其他相，通过图像分析软件对金相图进行分析，可

计算得出其他相在图中所占的面积百分比，进而可计算出 $Nd_2Fe_{14}B$ 主晶相所占的面积百分比，计算结果如表 3-3 所示。

图 3-7　时效处理前后钕铁硼永磁合金的金相组织

a 烧结态；b 高温时效态；c 时效态

表 3-3　烧结钕铁硼永磁合金的晶相定量分析数据

	烧结态	高温时效态	最优时效态
主晶相所占的面积百分比	(72. 298 ± 4. 624)%	(74. 256 ± 1. 810)%	(79. 814 ± 3. 729)%
其他晶相所占的面积百分比	(27. 702 ± 4. 624)%	(25. 744 ± 1. 810)%	(20. 186 ± 3. 729)%

由图 3-7 和表 3-3 可以看出，经过高温时效处理后，$Nd_2Fe_{14}B$ 主晶相所占比例从（72. 298±4. 624)%增加到（74. 256±1. 810)%；再经过低温时效处理后，主晶相比例进一步增加到（79. 814±3. 729)%。这是因为在时效处理过程中，烧结钕铁硼永磁合金中一些在烧结快冷时形成的过冷亚稳相得以重新熔解，并发生共晶反应，生成了一部分 $Nd_2Fe_{14}B$ 主晶相。另外，还有部分软磁相如 Nd_2Fe_{17} 等，也会通过扩散反应，转变为 $Nd_2Fe_{14}B$。$Nd_2Fe_{14}B$ 主晶相的增加是提高烧结钕铁硼永磁合金内禀矫顽力的重要原因之一。

图 3-8 是时效处理前后烧结钕铁硼永磁合金样品的扫描电镜图像。图 3-9 是烧结态和经过最优时效工艺处理过的烧结钕铁硼永磁合金样品断口的形貌和能谱图。其中，图 3-9 a_2、图 3-9 a_3 和图 3-9 b_2、图 3-9 b_3 分别是对应于图 3-9 a_1、图 3-9 b_1 中区域 i 和区域 ii 的能谱测试结果。由图 3-8 和图 3-9 可以看出，在烧结态钕铁硼永磁合金中，富钕相分布不均匀、不连续，偏聚较为严重，主要以块状分布于 $Nd_2Fe_{14}B$ 主晶相的晶粒交隅处。经过二级时效处理，块状富钕相转化为沿 $Nd_2Fe_{14}B$ 主晶相的晶粒边界分布的薄层状结构，使主晶相晶粒之

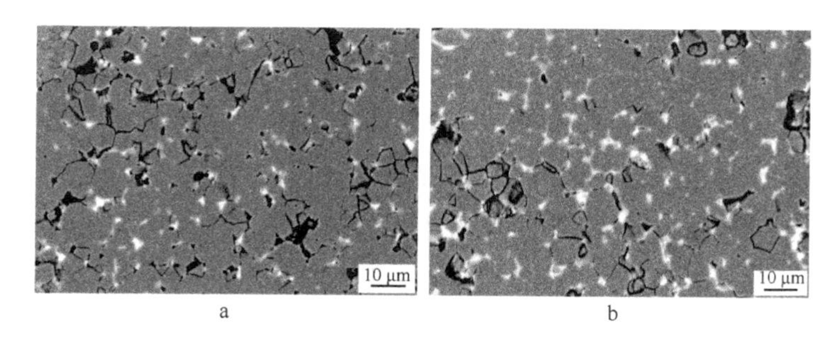

图 3-8　时效处理前后钕铁硼永磁合金样品的扫描电镜图

a 时效处理前；b 时效处理后

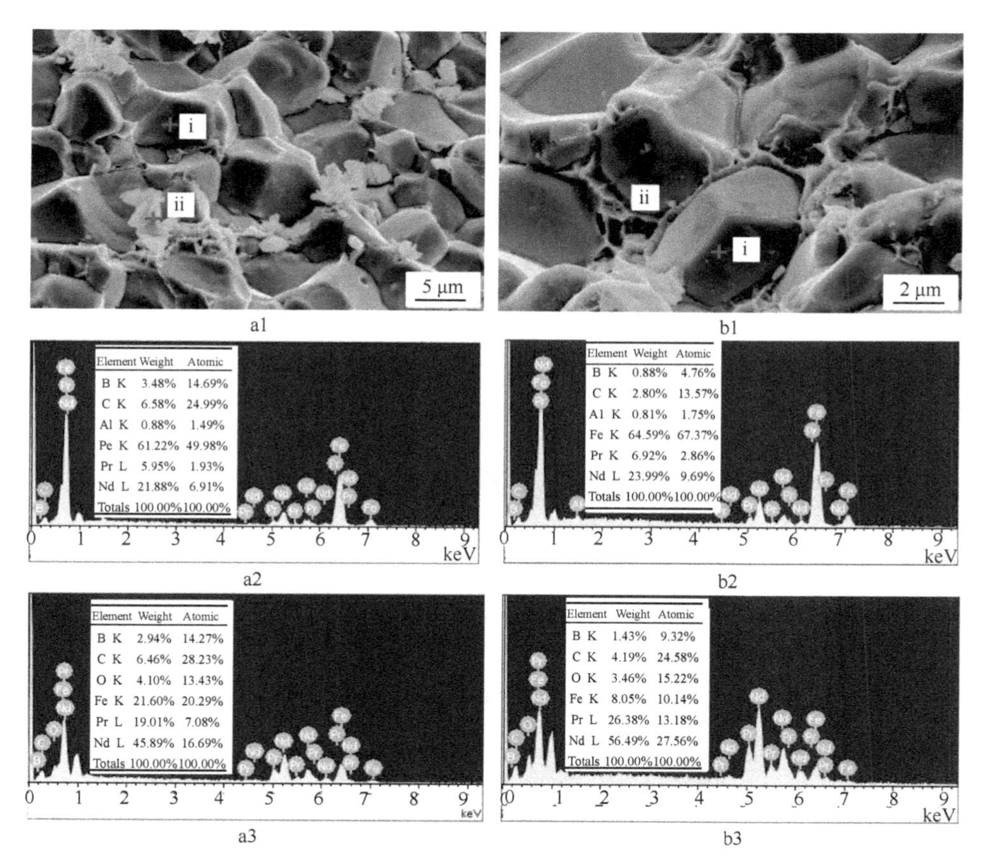

图 3-9　时效处理前后钕铁硼永磁合金断口形貌和能谱图

a_1 烧结态形貌；a_2 烧结态位置 i 能谱；a_3 烧结态位置的 ii 能谱；

b_1 时效态形貌；b_2 时效态位置 i 能谱；b_3 时效态位置 ii 能谱

间相互孤立。磁体中富钕相之所以能够在时效过程中发生这一转变，是因为富钕相的熔点仅为655 ℃，当在较高温度下时效时，富钕相转变成为液相，并在晶界中流动，从而促进其均匀弥散地分布于晶界处，使晶界变得规整、平滑。同时，基体相在尖锐棱角处的界面能较高，因而会溶解在富钕相中，并伴随富钕相的流动在晶界凹坑等界面能较低的位置析出，从而在降低体系能量的同时，使晶界相的成分趋于均匀。另外，晶粒表面存在的成分和结构不均匀的外延层及晶界缺陷等，也会在低温时效过程中消失，使晶界变得平滑和规整。

若磁体中仅含有 $Nd_2Fe_{14}B$ 主晶相，那么在磁体的磁化和反磁化过程中，内部畴壁很容易发生移动，即宏观上表现为磁体容易被磁化或反磁化，导致钕铁硼磁体矫顽力降低。但是，若存在非磁性的富钕相包围 $Nd_2Fe_{14}B$ 主晶相晶粒，则能够对主晶相晶粒产生去磁耦合作用，即主晶相晶粒之间的直接交换作用被非磁性的晶界相消除，并且还可以减弱主相晶粒间的长程静磁耦合。这两种效应是使烧结钕铁硼永磁合金具备高矫顽力的重要因素。烧结钕铁硼永磁合金的理想微观组织结构应为 $Nd_2Fe_{14}B$ 主晶相晶粒呈光滑的多边形，而晶界富钕相以薄层状连续、规整、均匀地分布在 $Nd_2Fe_{14}B$ 主晶相的晶粒边界。因此，烧结钕铁硼永磁合金经过时效处理后所诱发的晶界富钕相形态和分布变化是提高其内禀矫顽力的重要原因。

3.2 时效处理对烧结钕铁硼永磁合金的力学性能影响

3.2.1 强度

表3-4和表3-5分别列出了烧结态和时效态钕铁硼永磁合金样品的抗弯强度和抗压强度测试结果。

表3-4 烧结态和时效态钕铁硼永磁合金的抗弯强度

样品编号	1#	2#	3#	4#	5#	平均值	偏差
烧结态的抗弯强度/MPa	357	327	415	412	422	387	42
时效态的抗弯强度/MPa	257	295	316	328	320	303	28

表 3-5　烧结态和时效态钕铁硼永磁合金的抗压强度

样品编号	1#	2#	3#	4#	5#	平均值	偏差
烧结态的抗压强度/MPa	851	940	866	1036	1003	940	82
时效态的抗压强度/MPa	616	897	870	716	765	773	15

从表 3-4 可以看出，当沿磁体的充磁方向加压时，烧结态和时效态磁体样品的抗弯强度分别为（387 ± 42）MPa 和（303 ± 28）MPa。可见，两种状态下烧结钕铁硼永磁合金的抗弯强度都很低，且时效态的抗弯强度低于烧结态的。从表 3-5 可以看出，沿充磁方向加压时，烧结态和时效态磁体的抗压强度分别为（940 ± 82）MPa 和（773 ± 115）MPa。可见，两种状态下烧结钕铁硼永磁合金的抗压强度都明显高于抗弯强度，并且时效态的抗压强度明显低于烧结态的。

3.2.2　硬度

表 3-6 列出了烧结态和时效态钕铁硼永磁合金样品的显微硬度测试结果。由表 3-6 可以看出，当沿充磁方向测试时，钕铁硼永磁合金烧结态和时效态的维氏硬度分别为（600 ± 8）HV 和（596 ± 11）HV。可见，两种状态下烧结钕铁硼永磁合金的维氏硬度相差不大，这是因为时效处理并未改变磁体的相组成。

表 3-6　烧结态和时效态钕铁硼永磁合金的显微硬度

样品编号	1#	2#	3#	4#	5#	平均值	偏差
烧结态的维氏硬度/HV	598	606	610	590	594	600	8
时效态的维氏硬度/HV	586	590	614	598	590	596	1

表 3-7 是烧结态和时效态钕铁硼永磁合金样品在不同载荷下的维氏硬度测试结果。由表 3-7 可以看出，当沿充磁方向测试时，烧结态和时效态磁体在不同载荷下测得的维氏硬度均在 510 HV 左右。两种状态下钕铁硼永磁合金的维氏硬度相差不大。

表 3-7　烧结态和时效态钕铁硼永磁合金在不同载荷下的维氏硬度

载荷值/N	0	50	100	200	300
烧结态的维氏硬度/HV	510.60±13.69	525.60±8.76	516.00±6.36	515.40±4.88	508.00±6.00
时效态的维氏硬度/HV	513.80±1.64	518.20±13.81	507.20±7.79	510.40±13.83	483.00±7.18

3.2.3　脆性

表 3-8 是烧结态和时效态钕铁硼永磁合金在不同载荷下测得的声发射能量计数值（E_n）。由表 3-8 可以看出，随着载荷增大，E_n 相应增大。这表明维氏硬度压痕所形成的裂纹及其扩展时释放的能量不断增加。

表 3-8　烧结钕铁硼永磁合金在不同载荷下的声发射能量计数值

载荷值/N	10	50	100	200	300
烧结态的 E_n	11.0	61.2	155.0	320.6	691.4
时效态的 E_n	17.2	135.8	261.4	579.0	824.0

图 3-10 是烧结态和时效态钕铁硼永磁合金样品 $E_n - P$ 的拟合曲线，进行拟合后 $E_n - P$ 之间近似呈直线关系。

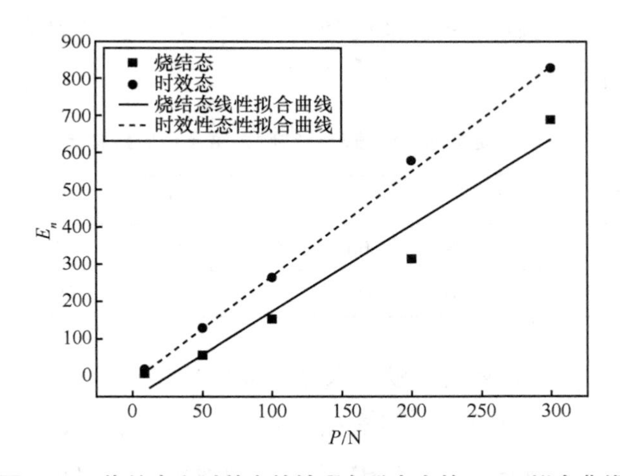

图 3-10　烧结态和时效态钕铁硼永磁合金的 E_n-P 拟合曲线

其中，烧结态钕铁硼永磁合金样品的线性拟合方程为 $Y=2.282\ 55X-53.455\ 95$，线性拟合系数 $R=0.94$；时效态钕铁硼永磁合金样品的线性拟合方程为 $Y=2.815\ 52X-8.169$，线性拟合系数 $R^2=0.99$。根据实验数据确定的 E_n-P 直线斜率 K 值分别为烧结态 2.28，时效态 2.82；时效态钕铁硼永磁合金的 K 值是烧结态的 1.2 倍，因此说明时效态钕铁硼永磁合金的压痕裂纹形核率和扩展速率都高于烧结态，因而其脆性相对较大。

图 3-11 是烧结态和时效态钕铁硼永磁合金样品在不同载荷下的维氏硬度压痕及其表观裂纹形貌。由图 3-11 可以看出，随着载荷的不断增大，烧结钕铁硼永磁合金试样表面的压痕四角处裂纹明显增加。另外，时效态烧结钕铁硼永磁合金样品的表观裂纹长度大于烧结态样品，说明时效态钕铁硼永磁合金的脆性相对较大，这与 E_n-P 曲线的分析结果一致。

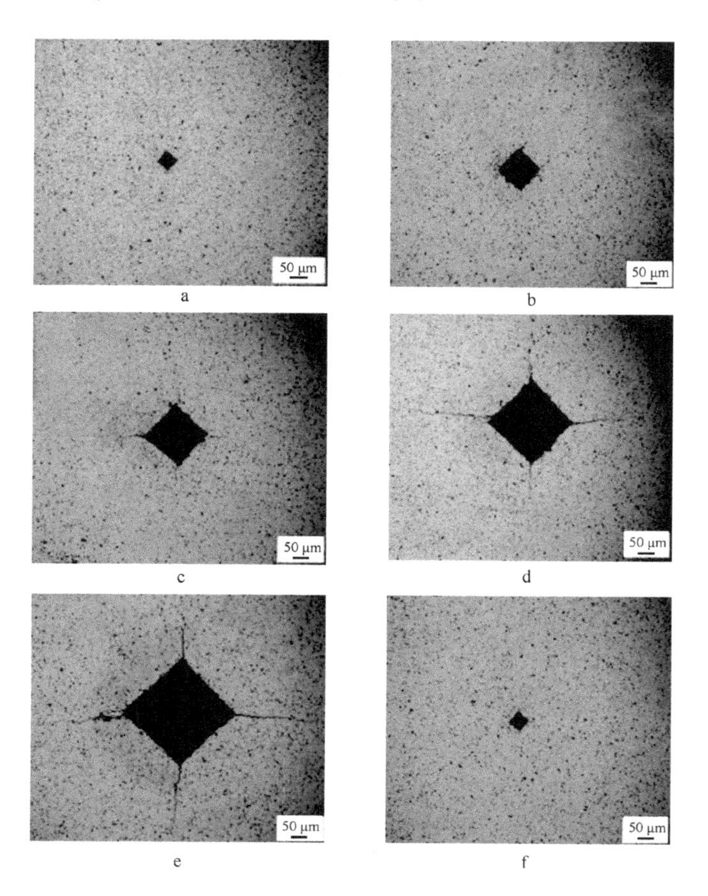

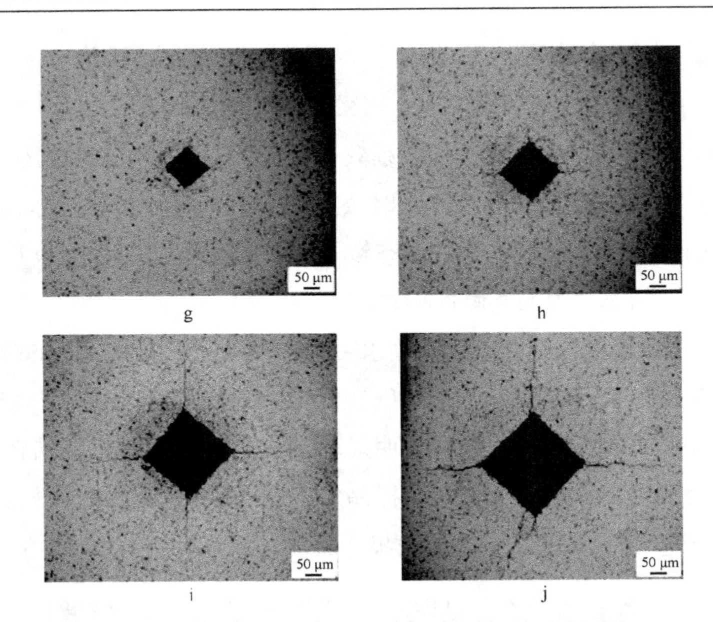

图 3-11　烧结态和时效态钕铁硼永磁合金样品的表面维氏硬度压痕和表观裂纹形貌

a 烧结态，10N；b 烧结态，50N；c 烧结态，100N；d 烧结态，200N；e 烧结态，300N；
f 时效态，10N；g 时效态，50N；h 时效态，100N；i 时效态，200N；j 时效态，300N.

表 3-9 是测得的烧结态和时效态钕铁硼永磁合金样品在不同载荷下表面压痕裂纹总长度 L 的平均值。图 3-12 是对烧结态和时效态钕铁硼样品建立的 $L-P$ 曲线，可以看出 $L-P$ 之间也近似呈直线关系。其中，烧结态钕铁硼永磁合金样品的线性拟合方程为 $Y=2.817\ 66X-54.331\ 65$，线性拟合系数 $R^2=0.99$；时效态钕铁硼永磁合金样品的线性拟合方程为 $Y=3.150\ 68X-37.890\ 41$，线性拟合系数 $R^2=0.99$。从 $L-P$ 曲线可知，随着载荷增加，烧结钕铁硼永磁合金的表面压痕裂纹随总长度 L 的增长而明显增加。根据实验数据确定的 $L-P$ 直线斜率 α 值分别：烧结态钕铁硼永磁合金为 2.82，时效态钕铁硼永磁合金为 3.15。可见，时效态钕铁硼永磁合金的 α 值是烧结态钕铁硼永磁合金的 1.12 倍，说明时效态钕铁硼永磁合金的压痕裂纹形核率和扩展速率都高，因而脆性大。这与 E_n-P 曲线的分析结果基本一致。

表 3-9　烧结钕铁硼永磁合金在不同载荷下的压痕裂纹总长度

载荷/N	1	5	10	20	30
烧结态总长度/μm	4	78	214	470	822
时效态总长度/μm	13	89	289	589	910

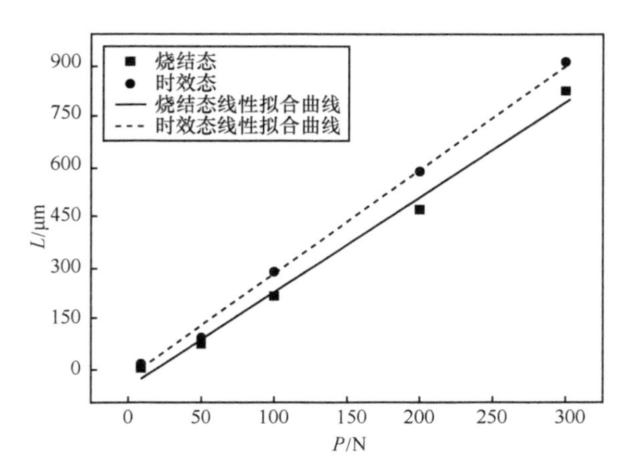

图 3-12　烧结态和时效态钕铁硼永磁合金的 *L-P* 拟合曲线

断裂韧性（K_{IC}）表征材料阻止裂纹扩展的能力，是衡量材料韧性的一个定量指标。其测试方法：将测试样品的表面抛光，在维氏硬度计上，以 10 kg 载荷在抛光表面用硬度计的棱锥形压头压制一压痕，这样会在压痕的四个顶角部位产生预制裂纹。根据压痕载荷（P）和压痕裂纹扩展长度（L）可以计算出断裂韧性（K_{IC}），计算公式如式（3-1）所示：

$$K_{IC}=0.004\ 985\left(\frac{E}{HV}\right)^{\frac{1}{2}}\frac{P}{L^{\frac{3}{2}}} \tag{3-1}$$

式中，E 为弹性模量，对于烧结钕铁硼永磁合金一般取 160 GPa；P 为载荷，N；L 为裂纹长度，mm；HV 为显微硬度，GPa。

根据实验数据计算的断裂韧性（K_{IC}）分别为烧结态钕铁硼永磁合金 2.436；时效态钕铁硼永磁合金 1.909。可见，烧结态钕铁硼永磁合金的 K_{IC} 值是时效态钕铁硼永磁合金的 1.28 倍，说明烧结态钕铁硼阻止压痕裂纹扩展的能力强，因而脆性相对减小。这与 E_n-P 曲线和L-P 曲线的分析结果一致。

3.2.4　分析与讨论

图 3-13 是烧结态和时效态钕铁硼永磁合金样品在扫描电镜下的断口形貌。

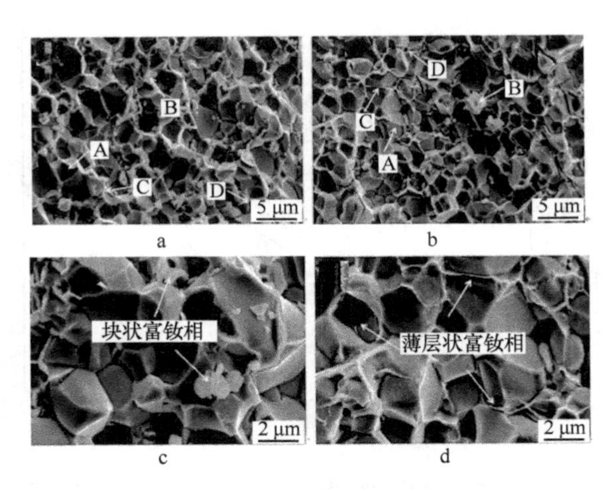

图 3-13　烧结态和时效态钕铁硼永磁合金的断口形貌

a 烧结态，低倍；b 时效态，低倍；c 烧结态，高倍；d 时效态，高倍

从图 3-13a 和图 3-13b 可以看出，烧结钕铁硼永磁合金主要由 $Nd_2Fe_{14}B$ 主晶相、晶界富钕相和少量富硼相组成。其中，富钕相主要以两种形态存在，一种是以块状镶嵌于 $Nd_2Fe_{14}B$ 主晶相的晶粒交隅处，另一种是以薄层状包围于 $Nd_2Fe_{14}B$ 主晶相的晶粒边界。另外，样品的晶粒边界处还存在烧结孔隙。在图 3-13a、图 3-13b 中，A 表示 $Nd_2Fe_{14}B$ 主晶相，B 表示在晶界交隅处呈块状的富钕相，C 表示沿晶界呈薄层状分布的富钕相，D 表示烧结孔隙。

进一步观察图 3-13c、图 3-13d 发现，试样断面处大部分晶粒完整，只有少数晶粒发生断裂。这说明烧结钕铁硼永磁合金的断裂方式是典型的沿晶断裂，还有极少量的穿晶断裂。另外，断面处有类似于冰糖状堆积的多面体形貌，断口大致平齐，断口附近截面未发现沿一定方向发生的收缩，断口呈结晶状，未见纤维区和剪切唇，放射区占很小的比例，不存在可观测的塑性变形区，呈现出典型的脆性特征。对比图 3-13c 和图 3-13d 可以发现，烧结态钕铁硼永磁合金中，富钕相主要呈块状，存在于 $Nd_2Fe_{14}B$ 主晶相的晶粒交隅处。经时效处理后，烧结钕铁硼永磁合金中的块状富钕相减少，而以薄片状存在于主晶相晶粒边界的富钕相增多。

研究表明，材料是沿晶断裂还是穿晶断裂取决于晶界和晶粒内的原子结合力，如果晶界的结合强度低于晶粒内部的结合强度，则易于发生沿晶断裂。烧结钕铁硼永磁合金的晶界处有晶界富钕相，晶界富钕相的钕含量越高，其原子结合强度越低。因为金属钕的弹性模量为 3.8×10^4，比 $Nd_2Fe_{14}B$ 单晶体的弹性模量 1.58×10^5 小一个数量级；而且，金属钕的硬度为 350 HV，只有 $Nd_2Fe_{14}B$ 单晶体硬度的 36.8%。因此，富钕相属于晶界弱相，造成了晶界本身的弱化。所以，当材料受应力作用时，必然是晶间的富钕相先开裂，裂纹沿着晶界富钕相扩展，进而产生沿晶断裂。

晶体结构复杂、滑移系少也是烧结钕铁硼永磁合金强度低、塑韧性差的重要原因。$Nd_2Fe_{14}B$ 主晶相的晶体结构同密排六方晶胞类似，均为层状堆垛结构，然而其对称性却远低于密排六方晶格。因此可以推断，稀土永磁合金的滑移系比密排六方晶体的滑移系更少。金属的滑移系越少，其发生塑性变形的可能性就越小。

另外，采用粉末冶金工艺制造的烧结钕铁硼永磁合金必定存在一定含量的气孔。气孔的出现使材料的致密度降低，破坏了材料的组织连续性，增加了应力集中的程度。烧结气孔还会弱化合金的晶界。因而，烧结钕铁硼永磁合金的沿晶断裂是由晶界富钕相、$Nd_2Fe_{14}B$ 主晶相的晶体结构及烧结气孔共同造成的。

在烧结态钕铁硼永磁合金中，晶界富钕相的分布不均匀，主要聚集在 $Nd_2Fe_{14}B$ 主晶相晶粒的交隅处，而造成界面强度低的晶界富钕相数量较少。因此，烧结态钕铁硼永磁合金呈现出抗弯强度、抗压强度相对较大的特点。经过时效处理后的钕铁硼永磁合金的 $Nd_2Fe_{14}B$ 主晶相边界更为清晰、平直、规整，晶界薄层状富钕相数量增多，聚集现象减弱，块状的富钕相比例明显减少。因此，时效态钕铁硼永磁合金的抗弯强度、抗压强度降低。

由于时效处理主要改变了晶界富钕相的形态和分布，但对 $Nd_2Fe_{14}B$ 主晶相的影响很小，因此时效处理对烧结钕铁硼永磁合金的硬度影响不大。

3.3　时效处理对烧结钕铁硼永磁合金的耐蚀性能影响

本试验采用静态全浸腐蚀法和电化学法测试时效处理对烧结钕铁硼永磁合金的耐蚀性影响。

3.3.1 静态全浸腐蚀性能

图 3-14 是烧结态和时效态钕铁硼永磁合金在质量分数为 3.5% 的 NaCl 溶液中静态全浸腐蚀的质量损失情况。由图 3-14 可以看出，烧结态钕铁硼永磁合金的质量损失为（0.0343 ± 0.0065）g，时效态钕铁硼永磁合金的质量损失为（0.0549± 0.0029）g。可见，在质量分数为 3.5% 的 NaCl 溶液中，时效态的钕铁硼永磁合金比烧结态的钕铁硼永磁合金腐蚀速度快。

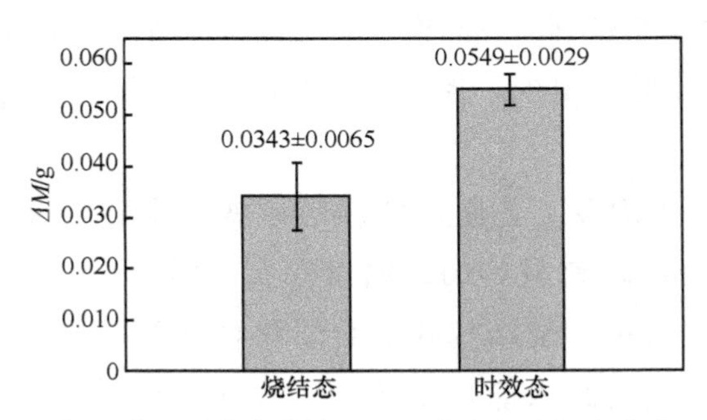

图 3-14　烧结态和时效态钕铁硼永磁合金在质量分数为 3.5%的 NaCl 溶液中静态全浸腐蚀的质量损失

图 3-15 是烧结态和时效态钕铁硼永磁合金在质量分数为 3.5% 的 NaCl 溶液中静态全浸腐蚀的速率。可见，磁体的腐蚀速率与其质量损失情况呈现出相同的变化规律。

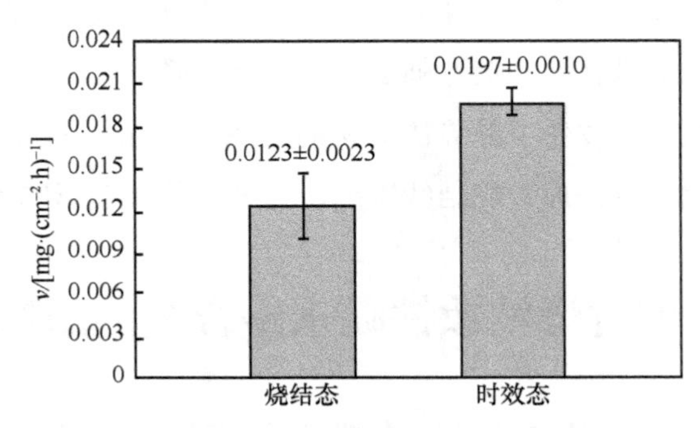

图 3-15　烧结态和时效态钕铁硼永磁合金在质量分数为 3.5%的 NaCl 溶液中静态全浸腐蚀的速率

3.3.2 电化学腐蚀性能

大部分金属的腐蚀过程中都伴随着电化学反应，因此常用电化学方法来研究金属的腐蚀原理，可为提高其耐蚀性提供理论依据。本节采用开路电压法、动电位极化法和电化学阻抗法研究烧结态和时效态钕铁硼永磁合金在质量分数为3.5%的NaCl溶液中的耐蚀性。

开路电位（OCP）是指在没有外加电流的情况下，所测得的试样达到稳定腐蚀状态时的电位，是电极表面处于稳定状态时阴阳极特征和表面吸附过程的综合作用。开路电位的波动可能是由电极特性引起的，也有可能是由电极表面的吸附作用引起的。开路电位的变化通常用来表征试样浸泡在腐蚀介质中的腐蚀行为和化学稳定性。经验表明，开路电位的波动范围在1 mV/min以内的样品的稳定性较好。当把工作电极浸入腐蚀介质中后，在没有外部电压时，由于试样和腐蚀介质的自由能不同，随着电极表面的润湿，试样会发生轻微的溶解，同时腐蚀介质中的阴阳离子会在电极表面吸附，从而引起电极表面电位的变化。开路电位的波动越大，表明电极表面溶解和吸附现象越显著。

图3-16是烧结态和时效态钕铁硼永磁合金在质量分数为3.5%的氯化钠溶液中浸泡1800 s时，开路电位随时间的变化情况。由图3-16a可以看出，对于烧结态的钕铁硼磁体，浸泡600 s后开路电位从最初的-0.853 V逐渐降低到-0.947 V，并逐渐趋于稳定。开路电位逐渐降低说明烧结态磁体在氯化钠水溶液中处于较为活泼的状态，很容易被腐蚀，但随着时间的延长，钕铁硼磁体与溶液中的氧气发生反应生成一层较薄的氧化膜，所以开路电位趋于稳定。由图3-16b可以看出，时效态的钕铁硼磁体，浸泡的前200 s内开路电位从最初的-0.909 V迅速降低，然后存在一定幅度的波动，在浸泡大约1400 s后逐渐趋于稳定，为-0.955 V。有文献指出，开路电位越正，说明耐蚀性越好。烧结态钕铁硼永磁合金最终稳定的开路电位值-0.947 V比时效态稳定的开路电位值-0.955 V较正，说明烧结态的钕铁硼磁体具体更好的耐蚀性。

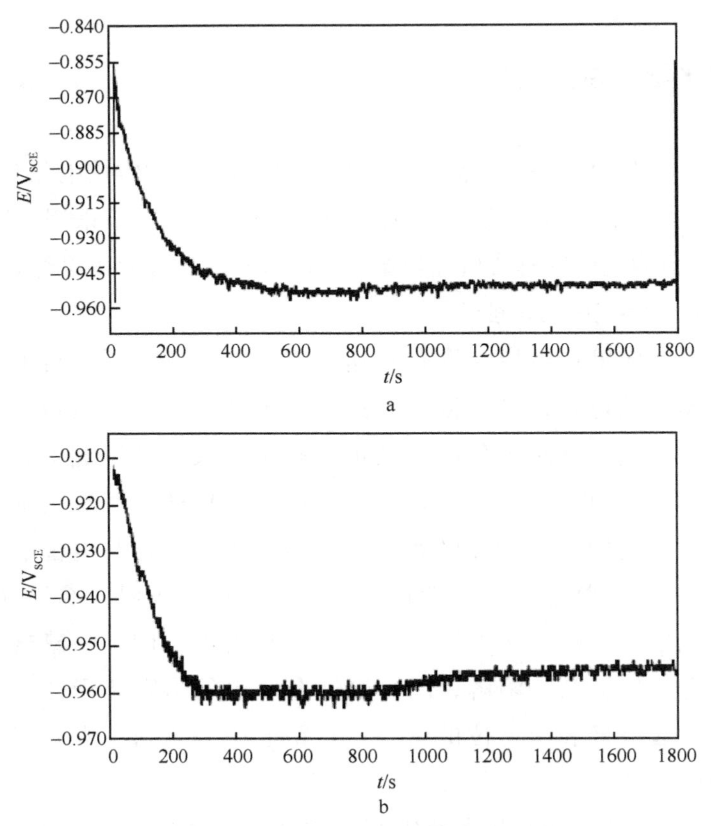

图 3-16　烧结态和时效态钕铁硼永磁合金在质量分数为 3.5%的 NaCl 溶液中的开路电压随时间的变化

a 烧结态；b 时效态

在材料耐蚀性评价中，仅使用开路电位来表征其耐蚀性具有一定的局限性，需要利用动电位极化曲线更准确的了解材料的耐腐蚀性能。利用动电位极化曲线，得到烧结钕铁硼永磁合金在质量分数为 3.5% 的氯化钠溶液中的腐蚀行为，再通过 Tafel 曲线拟合得到相应的电化学参数，就能够评价磁体耐蚀性的优劣。通过 Tafel 曲线拟合可直接得到的参数为腐蚀电压（E_{corr}）和腐蚀电流（I_{corr}）。一般来说，E_{corr} 表征的是材料发生腐蚀的难易程度，E_{corr} 越高，材料越难以发生腐蚀，耐蚀性越好；I_{corr} 表征的是材料的腐蚀速度，I_{corr} 越小，腐蚀速度越慢，耐蚀性越好。在分析过程中，当遇到 E_{corr} 和 I_{corr} 判断腐蚀特征不一致的情况时，一般把 I_{corr} 作为评价材料耐蚀性的标准，因为 E_{corr} 只是描述材料的热力学性质，而 I_{corr} 表征的是材料的腐蚀速度。

图 3-17 是烧结态和时效态钕铁硼永磁合金在质量分数为 3.5% 的氯化钠溶液中的极化曲线。表 3-10 是通过 Tafel 外推法计算所得的钕铁硼永磁合金的电化学参数。从图 3-17 和表 3-10 可以看出，烧结态的钕铁硼永磁合金腐蚀电压略高，腐蚀电流略小，说明烧结态磁体的耐蚀性比时效态的耐蚀性好，但是相差不大。

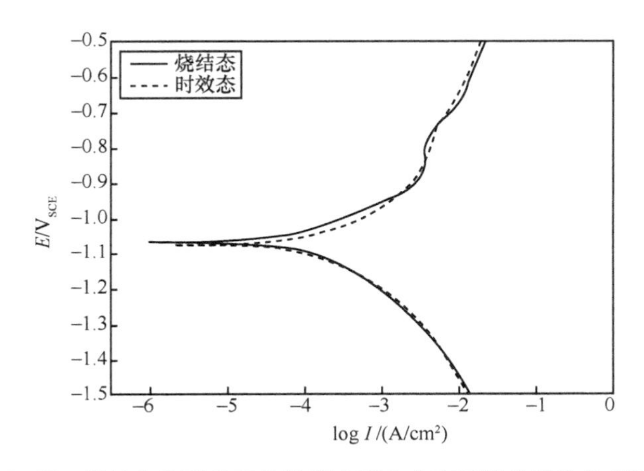

图 3-17 烧结态和时效态钕铁硼永磁合金在质量分数为 3.5% 的 NaCl 溶液中的极化曲线

表 3-10 烧结态和时效态钕铁硼永磁合金的电化学参数

	E_{corr}/（V_{SCE}）	I_{corr}（$\mu A \cdot cm^{-2}$）	β_c	β_A	R/Ω
烧结态	−1.070 ± 0.011	71.50± 12.30	8.119± 0.152	11.327± 1.381	313± 39
时效态	−1.079 ± 0.008	110.0±16.70	8.016± 0.342	9.313± 0.284	228± 24

电化学交流阻抗法（EIS）是一种采用小振幅的正弦波电流（电位）作为扰动信号的电化学测量方法，所得数据的表现形式有阻抗复平面图（Nyquist 图）和波特图（Bode 阻抗图、Bode 相位角图）两种。根据 Nyquist 图中的圆弧半径可以得腐蚀介质的电阻。一般来说，圆弧半径越大，说明样品的耐蚀性越好。而在 Bode 阻抗图中，高频区 $|Z|$ 代表材料阻抗值的大小，阻抗值越大，耐蚀性越好。Bode 相位角图中的低频区则表征基体的溶解。图 3-18 是烧结态和时效态钕铁硼永磁合金在质量分数为 3.5% 的氯化钠溶液中的电化学阻抗谱。

从图 3-18a 可以看出，在测试频率范围内，烧结态和时效态钕铁硼磁体样品的 Nyquist 图均由一段圆弧和一条直线组成，且烧结态样品的圆弧半径大于时效态的，这表明烧结态样品具有较大的极化电阻，进而说明烧结态样品的耐蚀性较好。从图 3-18b 波特阻抗图的 >10^3 高频区可以看出，烧结态样品的阻抗值大于时效态，也说明烧结态钕铁硼磁体的耐蚀性较好。

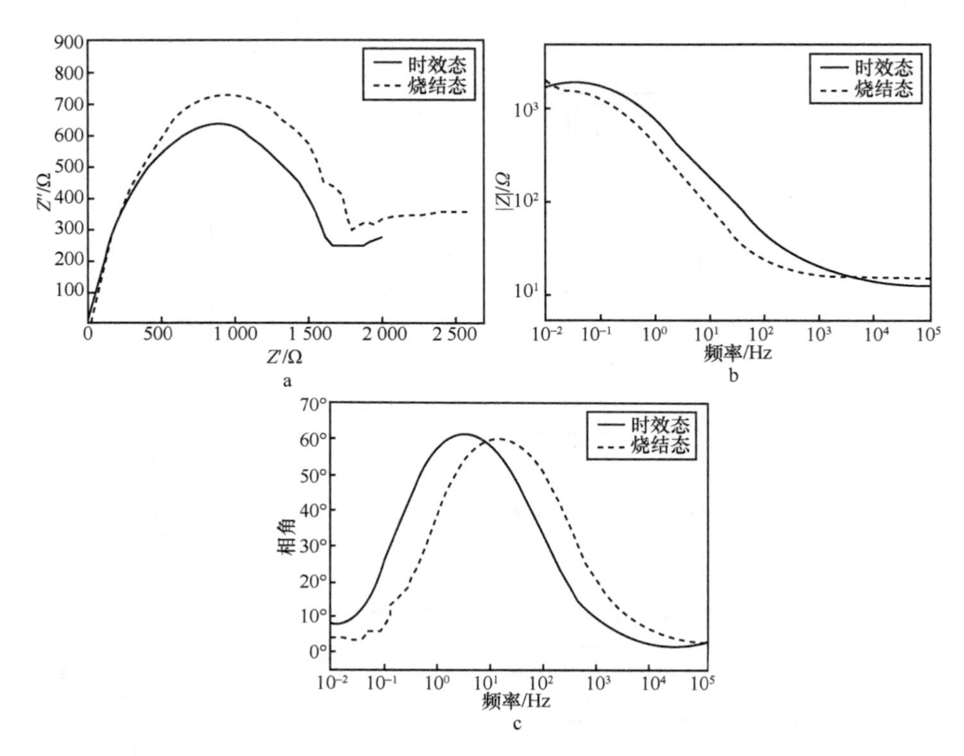

图 3-18　烧结态和时效态钕铁硼永磁合金在质量分数为 3.5%的 NaCl 溶液中的电化学阻抗谱

从开路电压、动电位极化曲线和电化学阻抗的分析可知，它们的结果一致。经过时效处理后，烧结钕铁硼永磁合金的耐蚀性减弱，这与前面所述的静态全浸腐蚀实验测试结果一致。

3.3.3　分析与讨论

众所周知，晶界富钕相与 $Nd_2Fe_{14}B$ 主晶相的电位差是决定烧结钕铁硼永磁合金耐蚀性的关键因素。这两相的电位差越大，磁体的耐蚀性就越差。然而，富钕相的分布形态，对烧结钕铁硼永磁合金的耐蚀性也有影响。经过时效处理后，晶界富钕相呈均匀、连续的薄层状分布在 $Nd_2Fe_{14}B$ 主晶相的边界，消除了主晶相晶粒之间的交换耦合作用，从而有利于磁体内禀矫顽力的提高。然而，这种三维网状结构却形成了一条腐蚀的快速通道，促进腐蚀作用向磁体内部发展，起到了加速腐蚀的作用。相比之下，烧结态钕铁硼磁体中的晶界富钕相主要以块状或颗粒状形态分布在 $Nd_2Fe_{14}B$ 主晶相晶粒的晶界交隅处，这种不连续的分布形态阻止了磁体晶间腐蚀扩展通道的形成，从而有效遏制了磁体的腐蚀进程，提高了磁体的耐蚀性。

3.4 本章小结

①时效处理能够在保证烧结钕铁硼永磁合金剩磁基本不变的前提下，明显提高其内禀矫顽力。N40HCE 型烧结钕铁硼永磁合金的优化时效处理工艺参数为 850 ℃保温 2 h 后，再在 530 ℃保温 2 h。烧结钕铁硼永磁合金经优化二级时效处理后，$Nd_2Fe_{14}B$ 主晶相所占比例由烧结态的 72.298% 增加到时效态的 79.814%，增幅为 7.516%。而晶界富钕相的形态和分布由烧结态位于 $Nd_2Fe_{14}B$ 主晶相晶粒交隅处的块状变化为时效态沿 $Nd_2Fe_{14}B$ 主晶相晶界呈薄层状分布。这两者之间的变化是导致烧结钕铁硼永磁合金内禀矫顽力明显增加的主要原因。

②时效处理对烧结钕铁硼永磁合金的力学性能影响较大，其抗拉强度和抗压强度降低，而脆性增加。这与时效处理后烧结钕铁硼永磁合金中晶界富钕相的形态和分布变化直接相关，晶界富钕相由烧结态的块状转变成烧结态的薄层状导致 $Nd_2Fe_{14}B$ 主晶相的晶粒之间滑动阻力降低，弱化了晶界强度，也是造成烧结钕铁硼永磁合金强度降低的主要原因。

③采用声发射检测技术结合维氏硬度压痕法可以对烧结钕铁硼永磁合金进行脆性定量检测，测量所得到的声发射能量累积计数（E_n）与维氏硬度压痕负荷（P）之间呈线性关系，而维氏硬度压痕的表观裂纹总长度（L）与维氏硬度压痕负荷（P）之间也呈线性关系。因此，可以采用 E_n-P 直线斜率 K 作为表征烧结钕铁硼永磁合金脆性的定量指标。

④根据压痕载荷（P）和压痕裂纹扩展长度（L）计算得出烧结钕铁硼永磁

合金的断裂韧性 K_{IC} 数值与采用声发射检测技术结合维氏硬度压痕法测量得出E_n-P 关系的分析结果基本一致。

⑤烧结钕铁硼永磁合金经过时效处理后，其耐蚀性降低。这是因为时效处理后晶界富钕相呈薄层状分布在 $Nd_2Fe_{14}B$ 主晶相晶界上，这种三维网状结构构成了快速腐蚀通道，使腐蚀作用很容易发展到磁体内部，起到了加速腐蚀的作用。

第四章 烧结钕铁硼永磁合金在酸溶液中的腐蚀行为

烧结钕铁硼永磁合金中晶界富钕相的电化学活性很高，且烧结磁体还具有结构疏松、孔隙较多的特点，因此其耐腐蚀性很差，很难推广应用。目前，在烧结钕铁硼永磁合金表面施以防护性镀层是最常用的防腐蚀方法。而在制备各种涂镀层的过程中，为保证形成连续的膜层并获得良好的膜基结合力，一般都需要进行酸洗处理，以清除磁体表面的氧化物。不同的酸洗溶液和酸洗工艺不仅会影响清洗效果，对涂镀层防护性的优劣也起着重要作用。本章对烧结钕铁硼永磁合金在盐酸溶液、硝酸溶液和磷酸溶液中的腐蚀行为和特征进行了实验与分析，拟为深入研究烧结钕铁硼永磁合金在不同酸溶液中的腐蚀机理和为改善其表面清洗工艺提供重要的实验数据和理论依据。

将处理好的烧结钕铁硼永磁合金样品分别放入相同体积的 1 mol/L 的盐酸 1 mol/L 的硝酸和 1 mol/L 的磷酸溶液中。样品放入盐酸溶液也立刻有大量气泡产生。

4.1 腐蚀过程

将烧结钕铁硼永磁合金样品放入盐酸溶液中立刻有大量气泡产生，且整个腐蚀过程一直都有大量气泡生成，说明盐酸溶液与样品的化学反应剧烈；将样品放入硝酸溶液也立刻有气泡产生，但是气泡量较少，整个腐蚀过程都有少量气泡生成，腐蚀过程中硝酸溶液逐渐变黄；将样品放入磷酸溶液中，起初没有气泡产生，1min 后有气泡产生，以后的腐蚀过程中都有气泡，气泡量少于盐酸溶液腐蚀过程产生的和多于硝酸溶液腐蚀过程中产生的。图 4-1 是烧结钕铁硼永磁合金样品在不同酸溶液中腐蚀的实际对比情况。

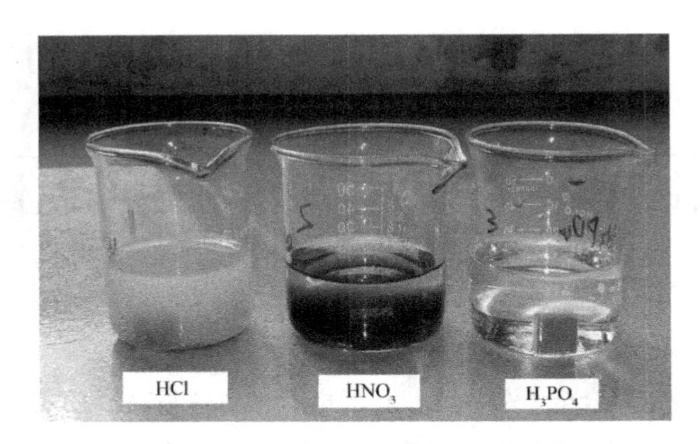

图 4-1　样品在不同酸溶液中腐蚀对比

4.2　对烧结钕铁硼永磁合金的形貌影响

4.2.1　宏观形貌

在不同酸溶液中腐蚀 30 min 后，经过超声清洗、干燥后的烧结钕铁硼永磁合金样品的外观及颜色如图 4-2 所示。可见，烧结钕铁硼永磁合金经盐酸溶液腐蚀后，表面平整、呈黄褐色，表明其从盐酸溶液取出后在较短时间内发生锈

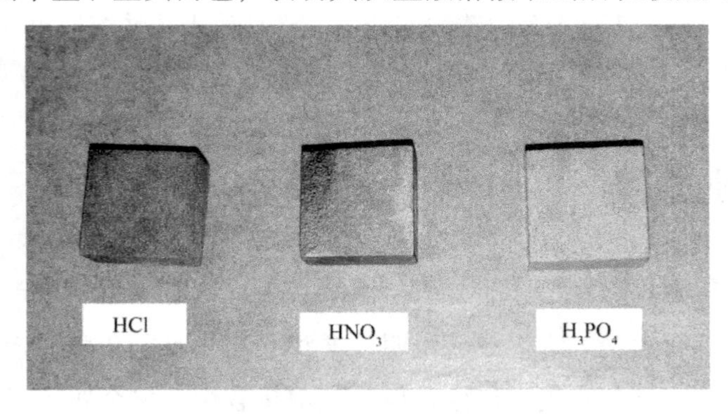

图 4-2　烧结钕铁硼样品酸腐蚀 30 min 后的表面形貌

蚀；烧结钕铁硼永磁合金经硝酸溶液腐蚀后，表面也呈黄褐色，说明也发生了锈蚀，而且还发现其边缘发生了严重的腐蚀；烧结钕铁硼永磁合金经过磷酸溶液腐蚀后，表面平整、呈银白色，无明显锈蚀现象，这是因为，在磷酸溶液中浸泡后，烧结钕铁硼永磁合金表面形成了钝化/磷化膜，提高了其耐蚀性。综上所述，烧结钕铁硼永磁合金在硝酸溶液中的边缘会受到相对严重的腐蚀；而在盐酸和磷酸溶液中则呈现均匀腐蚀的特点，但在盐酸溶液中腐蚀较重，在磷酸溶液中腐蚀较轻。

4.2.2　微观形貌

图 4-3 是烧结钕铁硼永磁合金样品在 3 种酸溶液中腐蚀 30 min 后的表面微观形貌，其中图 4-3a 是烧结钕铁硼永磁合金未经腐蚀的表面微观形貌。表 4-1 是用能谱仪测量的烧结钕铁硼永磁合金经过不同酸溶液腐蚀后表面的元素质量分数。

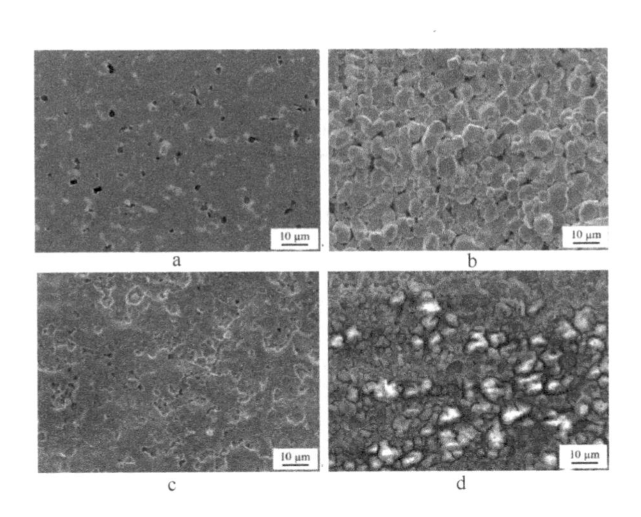

图 4-3　烧结钕铁硼永磁合金样品在不同酸溶液中腐蚀 30 min 后的表面 SEM

a 未经腐蚀；b HCl 腐蚀；c HNO_3 腐蚀；d H_3PO_4 腐蚀

从图 4-3b 可以看出，烧结钕铁硼永磁合金样品经盐酸溶液腐蚀后，表面呈颗粒状，在 $Nd_2Fe_{14}B$ 主晶相晶粒之间的晶界相被溶解。从表 4-1 数据可知，经盐酸溶液腐蚀后，烧结钕铁硼永磁合金表面的氧含量为 2. 12%，接近基体的氧含量为 1. 24%，说明盐酸溶液能够有效去除磁体表面的氧化物。而经盐酸溶液腐蚀后，磁体的 $w(\mathrm{Nd})/w(\mathrm{Fe})=0.307$，小于基体成分中的 $w(\mathrm{Nd})/w(\mathrm{Fe})=0.323$，说明盐酸对晶界富钕相有明显的腐蚀作用。因此，烧结钕铁硼永磁合金在盐酸溶液的酸洗过程中，晶界富钕相会优先发生溶解。

从图 4-3c 可以看出，烧结钕铁硼永磁合金样品经硝酸溶液腐蚀后，磁体表面出现腐蚀凹坑，但基本保持平面状态。由表 4-1 可知，经硝酸溶液腐蚀后，烧结钕铁硼永磁合金的表面氧含量为 3. 57%，也接近于基体的氧含量 1. 24%，说明硝酸溶液同样能够有效去除磁体表面的氧化物。但磁体经过硝酸溶液腐蚀后，其 $w(\mathrm{Nd})/w(\mathrm{Fe})$0. 322，与基体成分中的 $w(\mathrm{Nd})/w(\mathrm{Fe})$0. 323 基本相等。这说明，硝酸溶液主要腐蚀磁体的主晶相，对晶界相的腐蚀作用相对较弱。

表 4-1　经 3 种酸溶液腐蚀后烧结钕铁硼永磁合金样品的元素质量分数

	未腐蚀	HCl 腐蚀	HNO_3 腐蚀	H_3PO_4 腐蚀
w（Nd）	19. 06%	21. 21%	21. 31%	31. 74%
w（Fe）	58. 92%	69. 20%	66. 22%	22. 52%
w（O）	1. 24%	2. 12%	3. 57%	26. 29%
w（Nd）/w（Fe）	0. 323	0. 307	0. 322	1. 409

图 4-3d 是烧结钕铁硼永磁合金经磷酸溶液腐蚀后的表面微观形貌。可以看出，经磷酸溶液腐蚀后，烧结钕铁硼永磁合金表面覆盖了一层块状生成物，而且覆盖物的导电性较差。从表 4-1 中的数据可知，经磷酸溶液腐蚀后，烧结钕铁硼永磁合金的表面氧含量为 26. 29%，磷含量为 9. 36%。因此，其表面反应生成的块状物应为含钕、镨的磷酸盐。

图 4-4 是烧结钕铁硼永磁合金在 3 种酸溶液中腐蚀 30 min 后横截面的断口形貌图。

由图 4-4a 可以看出，盐酸溶液主要腐蚀磁体的晶界相，造成磁体表面层疏松。并且由于 Cl^- 的离子半径较小，具有强渗透性，在腐蚀过程中易于渗入烧结钕铁硼永磁合金基体的孔隙中，造成磁体近表面进一步腐蚀。这与图 4-3 的观察结果一致。由图 4-4b 可以看出，经硝酸溶液腐蚀后，烧结钕铁硼永磁合金断口表面层的晶界相无明显变化，说明硝酸溶液对晶界相的腐蚀作用较小。由图

4-4c 可以看出，磷酸溶液对烧结钕铁硼永磁合金的晶界相影响不大，但是在磁体表面形成了块状磷酸盐生成物。

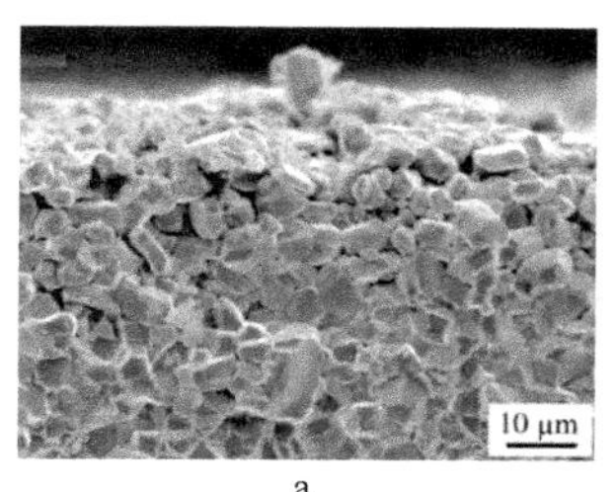

a

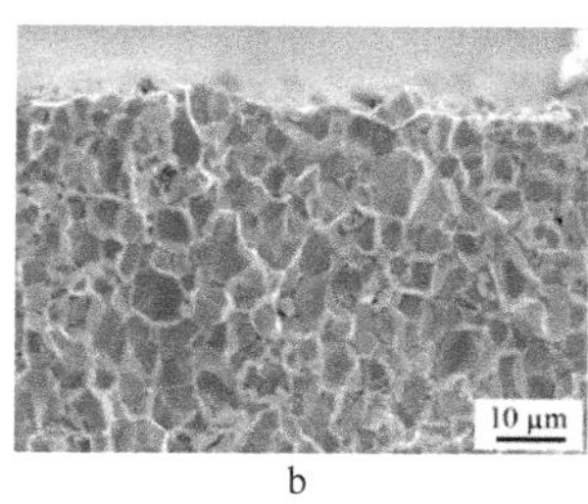

b

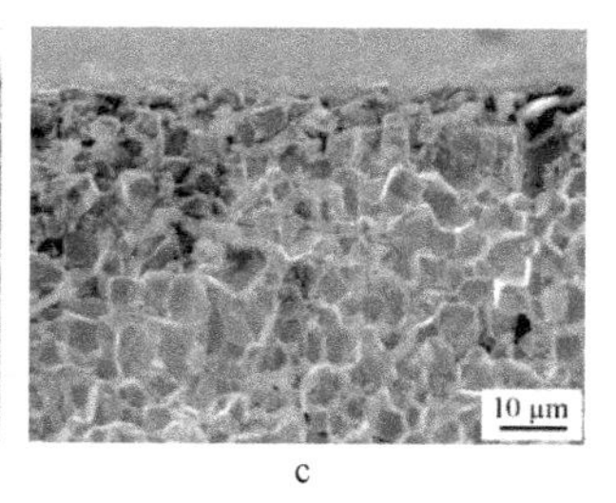

c

图 4-4 烧结钕铁硼永磁合金在 3 种酸溶液中侵蚀 30 min 后横截面的断口 SEM

a HCl 腐蚀液；b HNO_3 腐蚀液；c H_3PO_4 腐蚀液

4.3 腐蚀速率测量与分析

表 4-2 列出了烧结钕铁硼永磁合金样品在各种酸溶液中的平均腐蚀速率。由表 4-2 可以看出，烧结钕铁硼永磁合金在盐酸溶液中的腐蚀速率最快，是硝酸溶液的 1.82 倍，是磷酸溶液的 38.00 倍。

表 4-2 烧结钕铁硼永磁合金样品在 3 种酸溶液中的平均腐蚀速率

	腐蚀前的重量/g	腐蚀后的重量/g	平均腐蚀速率/（$g \cdot h^{-1}$）
1 mol/L HCl	3.6950	3.2725	0.8450
1 mol/L HNO_3	3.7311	3.4986	0.4650
1 mol/L H_3PO_4	3.7042	3.6932	0.0220

图 4-5 是烧结钕铁硼永磁合金样品在各种酸溶液中的极化曲线。从图 4-5 可以看出，烧结钕铁硼永磁合金在盐酸溶液和硝酸溶液中的阳极极化曲线呈现典型的活性溶解，阳极电流密度随极化电位的增大而急剧增加。而在磷酸溶液中的阳极极化曲线则表现出典型的钝化行为，抑制了烧结钕铁硼永磁合金在磷酸溶液进一步腐蚀。

表 4-3 是烧结钕铁硼永磁合金在各种酸溶液中的极化曲线所对应的电化学参数。表 4-3 表明，烧结钕铁硼永磁合金在各种酸溶液中的腐蚀电位相近，而

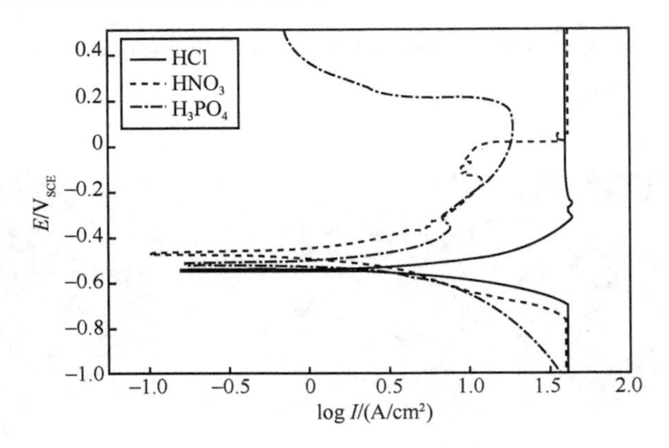

图 4-5　烧结钕铁硼永磁合金样品在各种酸溶液中的极化曲线

腐蚀电流却相差较大。当氢离子浓度相近时，烧结钕铁硼永磁合金在盐酸溶液中的腐蚀电流最大，在磷酸溶液中最小，两者相差近 4 倍。

表 4-3　烧结钕铁硼永磁合金样品在各种酸溶液中极化曲线对应的电化学参数

	E_{corr}/V_{SCE}	I_{corr}/（A/cm^2）	Rp/（$\Omega \cdot cm^{-2}$）
HCl 腐蚀液	−0. 539 20 ± 0. 008 37	0. 005 30 ± 0. 000 49	4. 105 33 ± 0. 362 28
HNO_3 腐蚀液	−0. 468 70 ± 0. 003 08	0. 003 40 ± 0. 002 23	10. 5670 ± 9. 685 14
H_3PO_4 腐蚀液	−0. 531 30 ± 0. 011 56	0. 001 50 ± 0. 000 29	14. 5400 ± 2. 991 20

4. 4　对烧结钕铁硼永磁合金的磁性能影响

图 4-6 和表 4-4 分别是烧结钕铁硼永磁合金在不同酸溶液中腐蚀 30 min 后的磁性能参量。

由图 4-6a 和表 4-4 可以看出，当烧结钕铁硼永磁合金样品在盐酸溶液中侵蚀 30 min 后，其剩磁和最大磁能积分别由原来的 13. 13 kGs 和 41. 42 MGsOe 降低到 11. 80 kGs 和 33. 60 MGsOe，分别降低了 10. 13% 和 18. 88%。这是因为盐酸溶液主要腐蚀磁体的晶界相，造成磁体表面孔隙增加，磁体密度减小。剩磁和最大磁能积均受磁体密度的影响，而且最大磁能积与磁体密度的平方成正比。因此，经盐酸溶液腐蚀后磁体的剩磁和最大磁能积均会下降，而且最大磁能积下降的降幅更明显。经硝酸溶液和磷酸溶液腐蚀后，并未造成磁体密度的明显变化，所以对磁体的剩磁和最大磁能积影响不大。

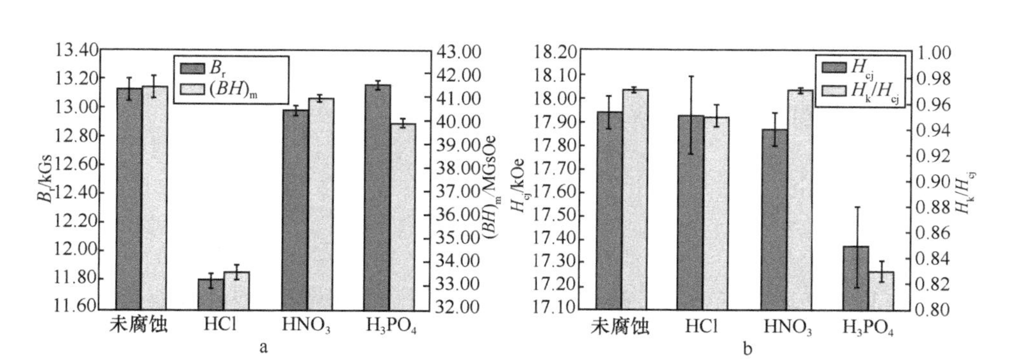

图 4-6　烧结钕铁硼永磁合金在各种酸溶液中腐蚀 30 min 的磁性能参量

表 4-4　烧结钕铁硼永磁合金在 3 种酸溶液中腐蚀 30 min 后的磁性能

	B_r/ kGs	$(BH)_m$/ MGsOe	H_{cj}/ kOe	H_k/H_{cj}
未腐蚀	13. 130 ± 0. 076	41. 420 ± 0. 481	17. 940 ± 0. 068	0. 970 ± 0. 002
HCl 腐蚀	11. 800 ± 0. 051	33. 600 ± 0. 348	17. 930 ± 0. 166	0. 950 ± 0. 008
HNO_3 腐蚀	12. 980 ± 0. 032	40. 960 ± 0. 138	17. 870 ± 0. 067	0. 970 ± 0. 002
H_3PO_4 腐蚀	13. 160 ± 0. 034	39. 940 ± 0. 167	17. 370 ± 0. 171	0. 830 ± 0. 008

从图 4-6b 和表 4-4 可以看出，经 3 种酸溶液腐蚀后，磁体的内禀矫顽力均有所降低。其中，经磷酸溶液腐蚀后样品的矫顽力下降最为明显，由原来的 17. 94 kOe 降低到 17. 37 kOe。这是因为磷酸溶液不仅腐蚀了烧结钕铁硼磁体中的 $Nd_2Fe_{14}B$ 主晶相，还通过与其反应在磁体表面生成了一层较为致密的磷酸盐非磁性相。硝酸溶液腐蚀造成磁体内禀矫顽力降低的主要原因是硝酸溶液腐蚀了磁体表面的 $Nd_2Fe_{14}B$ 主晶相，而 $Nd_2Fe_{14}B$ 主晶相是烧结钕铁硼永磁合金磁性能的主要提供者，所以因磁体表面主晶相被腐蚀而造成了磁体的内禀矫顽力降低。经盐酸溶液腐蚀后，烧结钕铁硼磁体的内禀矫顽力降低较少。这是因为盐酸溶液主要腐蚀磁体的晶界相，虽然晶界相的形态和分布对磁体的内禀矫顽力有一定的影响，但是晶界相是非磁性相，其本身对磁体的磁性能无贡献；而且盐酸溶液对磁体晶界相的腐蚀仅发生在表面和近表面处，因此盐酸溶液的腐蚀对磁体的内禀矫顽力影响较小。由图 4-6b 和表 4-4 可以看出，经磷酸溶液腐

蚀之后，磁体的方形度下降较明显，而经盐酸溶液和硝酸溶液腐蚀后对磁体的方形度影响较小。

综合对比在不同酸溶液中腐蚀后烧结钕铁硼永磁合金的主要磁性能指标可知，硝酸溶液腐蚀对其磁性能的综合影响最小。

4.5 本章小结

①当氢离子浓度近似时，烧结钕铁硼永磁合金在盐酸溶液中的腐蚀速率最快，在磷酸溶液中的腐蚀速率最慢。

②盐酸溶液和硝酸溶液腐蚀均能有效清除烧结钕铁硼永磁合金表面的氧化层。盐酸溶液对晶界富钕相的腐蚀明显，并且会在腐蚀过程中渗入钕铁硼基体的孔隙中，造成磁体近表面的进一步腐蚀；硝酸溶液对烧结钕铁硼永磁合金的边缘腐蚀严重，但是主要表现为对磁体 $Nd_2Fe_{14}B$ 主晶相的腐蚀，对晶界富钕相影响不大；磷酸溶液会在烧结钕铁硼永磁合金表面形成一层块状磷酸盐产物，因而不能有效去除烧结钕铁硼永磁合金表面的氧化层。

③盐酸溶液腐蚀会造成烧结钕铁硼永磁合金的剩磁和最大磁能积明显降低，磷酸溶液腐蚀会在一定程度上影响磁体的内禀矫顽力，硝酸溶液腐蚀对磁体磁性能的综合影响最小。因此，硝酸溶液更适宜作制备烧结钕铁硼永磁合金进行防护镀层（如磷化处理）前预先酸洗处理的酸洗液。

第五章

转化液 pH 对烧结钕铁硼永磁合金表面磷酸盐化学转化膜的组织和性能影响

为提高烧结钕铁硼永磁合金的耐蚀性，在其表面制备磷酸盐化学转化膜（Phosphate chemical conversion coatings，PCC coatings），而磷化膜的组织和性能与其制备工艺有密切的关系。影响转化膜质量的主要工艺参数包括转化液的 pH、转化温度、转化时间和促进剂。其中，转化液的 pH 作为决定能否成膜的内在因素之一，对金属磷化具有举足轻重的影响。一般情况下，烧结钕铁硼永磁合金在酸性较强的转化液中会迅速溶解，难以成膜，而如果转化液的酸度过低，就会有沉渣产生，造成成膜离子的浪费，并影响转化膜的性能。因此，转化液的 pH 对烧结钕铁硼永磁合金表面磷化膜的质量起着决定性的作用。本章通过对在不同 pH 磷化液中制备的烧结钕铁硼永磁合金表面的磷酸盐化学转化膜的组织结构和性能的研究，确定最优化的磷化工艺。

5.1　pH 转化液的酸度

磷化液的游离酸度和总酸度是确保磷化能够正常进行的重要条件，酸度过高或过低都会影响成膜质量。总酸度偏高会加快反应速度，但是转化膜往往结晶粗大、附着力差；总酸度过低，磷化反应速度减慢且膜层较薄。同样，游离酸度过高，会导致基体过度腐蚀，还不利于转化液中主盐的水解，成膜缓慢并造成膜层结晶粗大且疏松多孔；如果游离酸度过低，则会造成基体不易溶解，膜层较薄，甚至难以成膜。

转化液中 H^+ 的浓度是游离酸度的表现形式，通常利用 pH 来表征转化液的游离酸度。为获得适用于烧结钕铁硼永磁合金的最优工艺参数，本试验采用滴加 H_3PO_4 溶液和 NaOH 溶液的方式，设计 pH 分别为 0.52、1.00、1.36、1.50、2.00 和 2.50 的 6 组转化液进行试验和测试。选取两种溶液来调节 pH 是为了避免将杂质离子引入转化液而造成污染。表 5-1 是不同 pH 转化液的酸度数据。

由表 5-1 可知，随溶液的 pH 增加，游离酸度和总酸度都减小，而酸比却逐渐增大。这是因为用于调整 pH 而加入的 NaOH 溶液主要与转化液中 H^+ 反应，而与重金属离子几乎不反应，使游离酸度的减小速度更快，因此酸比呈现逐渐增大的趋势。

表 5-1　不同 pH 转化液的游离酸度、总酸度及酸比

不同 pH 转化液	游离酸度/点	总酸度/点	酸比
0.52	210	510	2.4
1.00	85	227	2.7
1.36	40	147	3.7
1.50	31	127	4.1
2.00	14	100	7.1
2.50	7	88	2.6

5.2　pH 对膜厚与膜重的影响

由于磷酸盐化学转化膜表面的不均匀性，一般情况下要直接准确测定其厚度是比较困难的，特别是在转化膜比较薄的情况下。因此，在实际生产中，通常以单位面积的转化膜重量来代替转化膜厚度，膜重的单位是 g/m^2。

表 5-2 是在不同 pH 的转化液中制备的磷化膜的膜重和膜厚。其中，膜厚是根据文献中膜重与膜厚的关系换算得到的。

表 5-2　在不同 pH 转化液中制备磷化膜的膜重和膜厚

不同 pH 转化液	膜重/（g·m^{-2}）	膜厚/μm
0.52	>29.38	15
1.00	5.34	5
1.36	2.52	1
1.50	1.90	1
2.00	0.65	<1
2.50	0.58	<1

由表 5－2 可以看出，随着 pH 的升高，膜重呈减小趋势，膜重从大于 29.38 g/m^2 逐渐减小到 0.58 g/m^2。但是随着 pH 的变化，膜重呈非线性变化。当转化液的 pH 从 0.52 升高到 1.00 时，膜重减小的速度最快，从大于 29.38 g/m^2 迅速降低到 5.34 g/m^2；当转化液的 pH 从 1.00 逐渐升高到 2.00 时，膜重的减小速度降低；而当转化液的 pH 从 2.00 升高到 2.50 时，膜重的减小量很少，接近于平稳态。

5.3　pH 对转化膜的形貌影响

5.3.1　对宏观形貌的影响

图 5-1 是在 pH 分别为 0.52、1.00、1.36、1.50、2.00 和 2.50 的转化液中制备磷酸盐化学转化膜在自然光下的宏观形貌照片。

由图 5-1 可以看出，当转化液的 pH 为 0.52 时，制备的磷酸盐化学转化膜分为上下两层，上层膜相对致密，呈浅灰色，但上层膜并不完整，不能覆盖整个样品表面；在上层转化膜剥落的位置，暴露出下层转化膜，相对粗糙疏松，颜色较上层膜深。另外，磁体的边缘有轻微块状脱落。当转化液的 pH 提高到 1.00 时，磷化膜也呈现浅灰色且均匀致密。当转化液 pH 为 1.36 和 1.50 时，磷化膜灰色变浅，逐渐出现彩虹色。当 pH 提高到 2.00 时，样品表面呈浅蓝色，且局部开始出现黄斑。继续提高转化液的 pH 时，样品表面的蓝色加深，依旧存在黄斑。

图 5-1　不同 pH 转化液中制备磷酸盐化学转化膜的宏观形貌

5. 3. 2　对微观形貌的影响

图 5-2 是烧结钕铁硼永磁合金基体和在不同 pH 转化液中制备的磷酸盐化学转化膜的 SEM 照片。从图 5-2a_1 可以看出，烧结钕铁硼永磁合金基体主要是由深色的 $Nd_2Fe_{14}B$ 主晶相和白色的块状晶界富钕晶界相组成，还存在少量的孔隙。图 5-2a_2 是其能谱图，可见其主要组成元素为铁、钕和镨，还存在少量的铝和氧。其中，铝是作为添加剂在配料过程中加入的，目的是细化晶粒和提高磁体的矫顽力。氧是因为钕、铁等元素的微弱氧化而混入的。

图 5-2b_1 和图 5-2b_3 是在 pH 为 0. 52 的磷化液中制备的转化膜形貌。其中，图 5-2b_1 是上层膜的形貌，图 5-2b_2 是其对应的能谱图。可见，上层转化膜的晶粒主要为块状，其尺寸为 5～20 μm。由其能谱测试结果可知，钕、镨的重量百分比分别为 43. 11%、13. 83%，而铁的重量百分比仅为 3. 60%。因此，上层转化膜的主要组成相为钕、镨的磷酸盐，还有少量铁的磷酸盐。另外，转化膜中存在少量的钙元素，应为磷化液中部分含钙促进剂参与成膜而引入。图 5-2b_3 是下层膜的形貌，图 5-2b_4 是其对应的能谱图。可见，下层膜的晶粒也呈

块状，尺寸为 3～10 μm，比上层膜细小，但是存在裸露的烧结钕铁硼永磁合金基体。由能谱测试结果可知，相对于上层膜而言，钕元素的重量百分比降低，而铁元素的重量百分比提高。由此推测，下层转化膜中钕的磷酸盐含量降低，而铁的磷酸盐含量提高。另外，磷元素的重量百分比相对于上层膜有所降低，表明下层膜的厚度变小。

图 5-2c_1 是在 pH 为 1.00 的磷化液中制备的转化膜形貌，图 5-2c_2 是其对应的能谱图。由图 5-2c_1 可以看出，转化膜的晶粒呈不规则的块状，尺寸为 2～15 μm。其能谱测试结果显示，钕、镨的重量百分比分别为 37.29% 和 12.24%，而铁的重量百分比仅为 2.33%。由此可见，该转化膜的主要组成相依旧为钕、镨的磷酸盐，还有少量铁的磷酸盐。

图 5-2d_1 是在 pH 为 1.36 的磷化液中制备的转化膜形貌。图 5-2d_2 是其对应的能谱图。可见，相对于 pH 为 0.50 的上层膜和 pH 为 1.00 的转化膜，pH 为 1.36 的转化膜较薄，且粗糙度减小，晶粒呈不规则的块状，尺寸为 2～15 μm。其能谱测试结果显示，钕、镨的重量百分比分别为 29.28% 和 9.44%，而铁的重量百分比为 20.49%。相对于 pH 为 1.00 的磷酸盐转化膜，钕、镨的重量百分比降低，而铁元素的重量百分比提高。这表明，转化膜中钕和镨的磷酸盐含量降低，而铁的磷酸盐含量提高。另外，磷元素的重量百分比相对于 pH 为 1.00 的转化膜有所降低，表明膜层厚度变小。

图 5-2e_1 是在 pH 为 1.50 的磷化液中制备的转化膜的形貌，图 5-2e_2 是其对应的能谱图。从图 5-2e_1 可以看出，在 pH 为 1.50 的磷化液中制备的转化膜的形貌与在 pH 为 1.36 的磷化液中制备的转化膜的形貌类似。转化膜膜层相对较薄，且粗糙度较小，晶粒呈不规则的块状，尺寸为 4～15 μm。其能谱测试结果显示，钕、镨的重量百分比分别为 26.60%、8.67%，而铁的重量百分比为 29.19%，相对于 pH 为 1.00 和 pH 为 1.36 的磷化液中制备的转化膜，钕、镨的重量百分比持续降低，而铁元素的重量百分比提高。由此表明，转化膜中钕和镨的磷酸盐含量不断降低，而铁的磷酸盐含量不断提高。另外，磷元素的重量百分比也继续降低，表明膜层厚度继续变小。与 pH 为 1.36 的磷化液中制备的转化膜不同的是，pH 为 1.50 的磷化液中制备的转化膜表面存在白色块状物相，图 5-2e_2 是其对应的能谱图，表明此白色块状物相应该是含有钕、镨、铁、铝、钴、铜、钙等多种合金元素的磷酸盐。

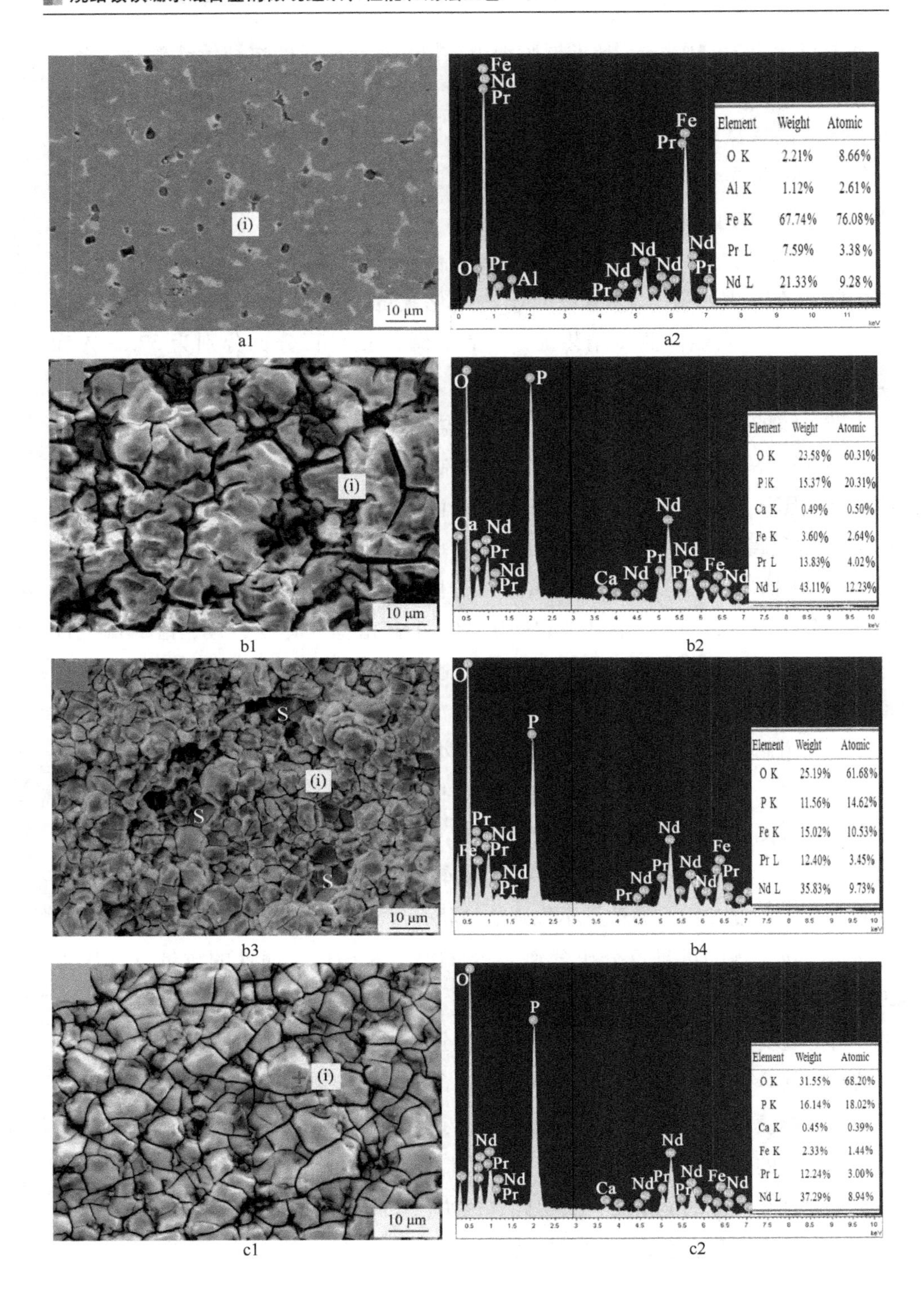
(i)
10 μm
a1
Element Weight Atomic
O K 2.21% 8.66%
Al K 1.12% 2.61%
Fe K 67.74% 76.08%
Pr L 7.59% 3.38%
Nd L 21.33% 9.28%
a2
(i)
10 μm
b1
Element Weight Atomic
O K 23.58% 60.31%
P K 15.37% 20.31%
Ca K 0.49% 0.50%
Fe K 3.60% 2.64%
Pr L 13.83% 4.02%
Nd L 43.11% 12.23%
b2
S
(i)
S
S
10 μm
b3
Element Weight Atomic
O K 25.19% 61.68%
P K 11.56% 14.62%
Fe K 15.02% 10.53%
Pr L 12.40% 3.45%
Nd L 35.83% 9.73%
b4
(i)
10 μm
c1
Element Weight Atomic
O K 31.55% 68.20%
P K 16.14% 18.02%
Ca K 0.45% 0.39%
Fe K 2.33% 1.44%
Pr L 12.24% 3.00%
Nd L 37.29% 8.94%
c2

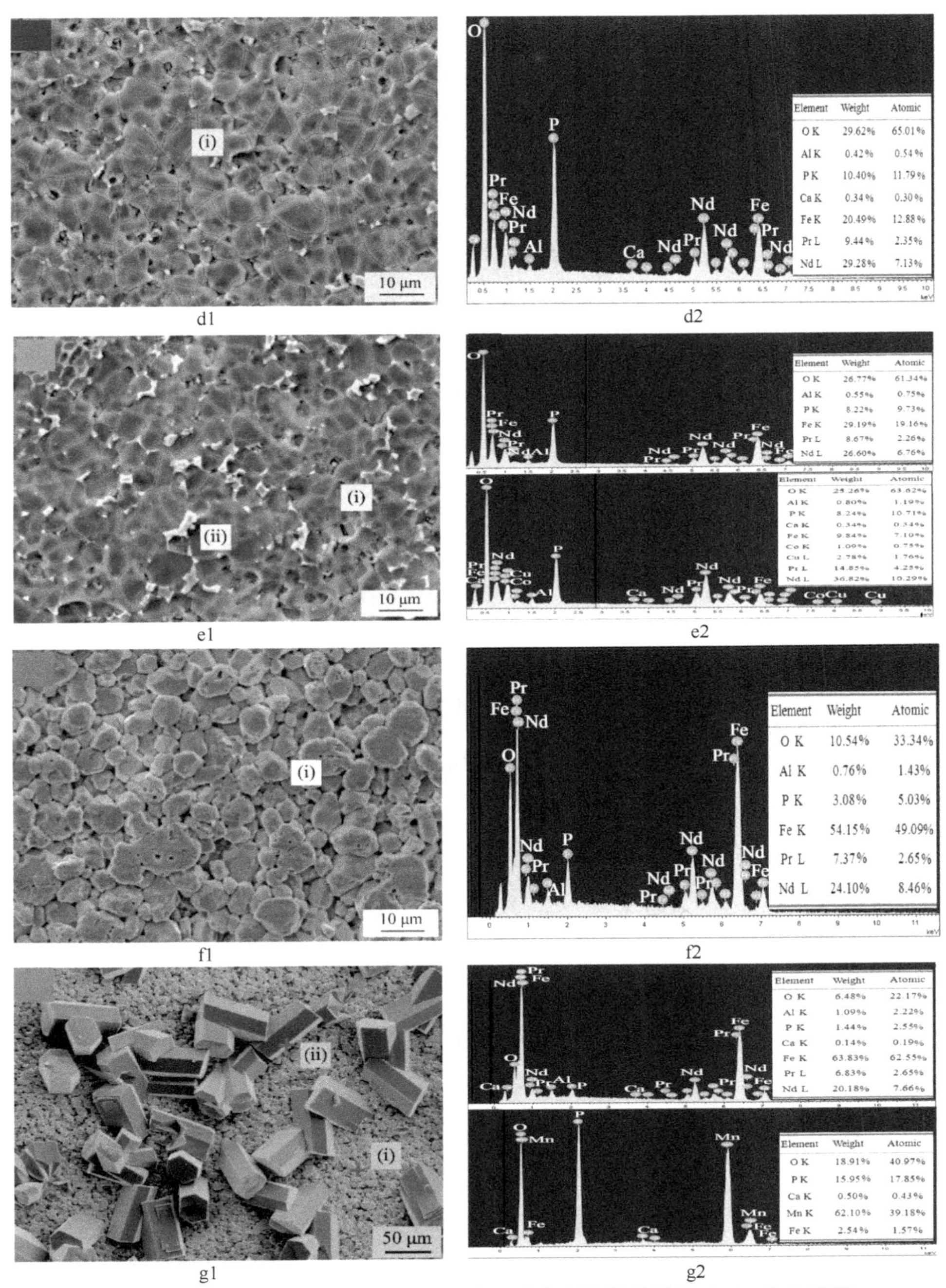

图 5-2　Nd-Fe-B 基体和在不同 pH 磷化液中制备转化膜的 SEM 和能谱图

a 基体；b pH=0.50；c pH=1.00；d pH=1.36；e pH=1.50；f pH=2.00；g=2.50

图5-2f_1是在pH为2.00的磷化液中制备的转化膜的形貌，图5-2f_2是其对应的能谱图。可见，经过pH为2.00的磷化液处理过的样品表面呈颗粒状，基本无磷酸盐化学转化膜生成。能谱分析结果显示，其钕、镨、铁元素的重量百分比分别为24.10%、7.37%和54.15%，基本接近钕铁硼基体的各元素含量。而磷元素的重量百分比仅为3.08%，表明几乎无磷化膜生成。

图5-2g_1是在pH为2.50的磷化液中制备的转化膜的形貌，图5-2g_2是其对应的能谱。从图5-2g_1可以看出，经pH为2.50的磷化液处理过的样品表面与经pH为2.00的磷化液处理过的样品类似，也呈颗粒状。能谱测试结果表明，其钕、镨、铁元素的重量百分比分别为20.18%、6.83%和63.83%，接近钕铁硼基体的各元素含量。而磷元素的重量百分比为1.44%，表明几乎无磷化膜生成。另外，图5-2g_1显示样品表面存在许多柱状析出物，能谱分析结果表明，柱状析出物主要是由锰、磷和氧元素组成，重量百分比分别为62.10%、15.95%和18.91%，应为锰的磷酸盐。这说明当磷化液的pH提高到2.50时，磷化液中的有效成膜离子会结晶析出在样品表面，从而不会生成磷酸盐化学转化膜。

综上分析表明，随转化液pH提高，膜层中钕、镨元素重量百分比下降，铁的重量百分比升高（pH为0.52的下层膜除外），表明转化膜中钕和镨的磷酸盐含量降低，而铁的磷酸盐含量提高。当pH提高到2.00和2.50时，钕、镨和铁的含量接近基体含量，表明无转化膜生成。另外，膜层中磷元素的重量百分比也降低（pH为0.52的下层膜除外），表明膜层厚度减小，直至无转化膜生成。

图5-3a、图5-3b、图5-3c分别是pH为0.52时制备的上层膜、pH为1.00和pH为1.36时制备的转化膜中（方框内部）各元素的分布情况。由图5-3可以看出，在不同工艺条件下制备的转化膜中，各元素分布规律基本相同。氧元素和磷元素主要分布在晶粒表面，晶界处分布较少。而铁元素却呈现出相反的分布规律，富集在晶界处，在晶粒表面分布较少。钕元素和镨元素的分布相对比较均匀，但是在晶界处的分布略少。

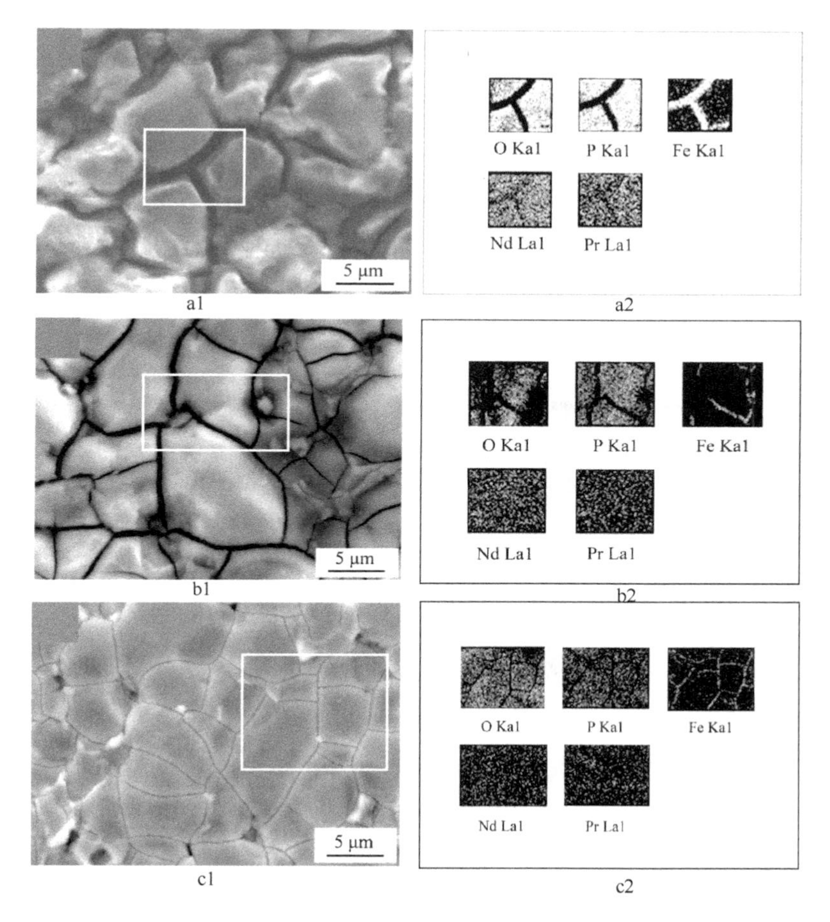

图 5-3　不同磷化液制备转化膜的 SEM 及元素分布

5.4　pH 对界面结构的影响

烧结钕铁硼永磁合金基体和在不同 pH 转化液中制备磷酸盐化学转化膜的截面形貌和元素分布如图 5-4 所示。

从图 5-4a 可以看出，烧结钕铁硼永磁合金基体主要含铁、钕、镨、氧、铝等元素，磁体内部晶界完整，只存在少量烧结孔洞。从图 5-4b 至图 5-4g 可以看出，当转化液的 pH 为 0.52 时，可以明显地观察到有转化膜生成，但转化膜厚度不均匀，且因转化液的酸度较大，烧结钕铁硼基体腐蚀严重，尤其是近表面处的晶界相，几乎完全被腐蚀掉，转化液沿着晶界渗入磁体内部，并与主晶相继续发生化学转化反应，因此在近表面处，有包裹在主晶相边界上的磷酸盐化学转化膜生成。从其能谱测试结果可知，转化膜主要由磷、氧、钕等元素组成，还存在少量的镨和铁，可见转化膜主要是含有钕、镨、铁的磷酸盐。当转化液的 pH 升高至 1.00 时，生成的转化膜最为均匀致密，呈薄层状覆盖在烧结钕铁硼基体的表面。因转化液的酸度依然较大，磁体近表面处的晶界相也被腐蚀掉，但从图 5-4c 中并未观察到沿着近表面处主晶相晶粒边界生长的转化膜。

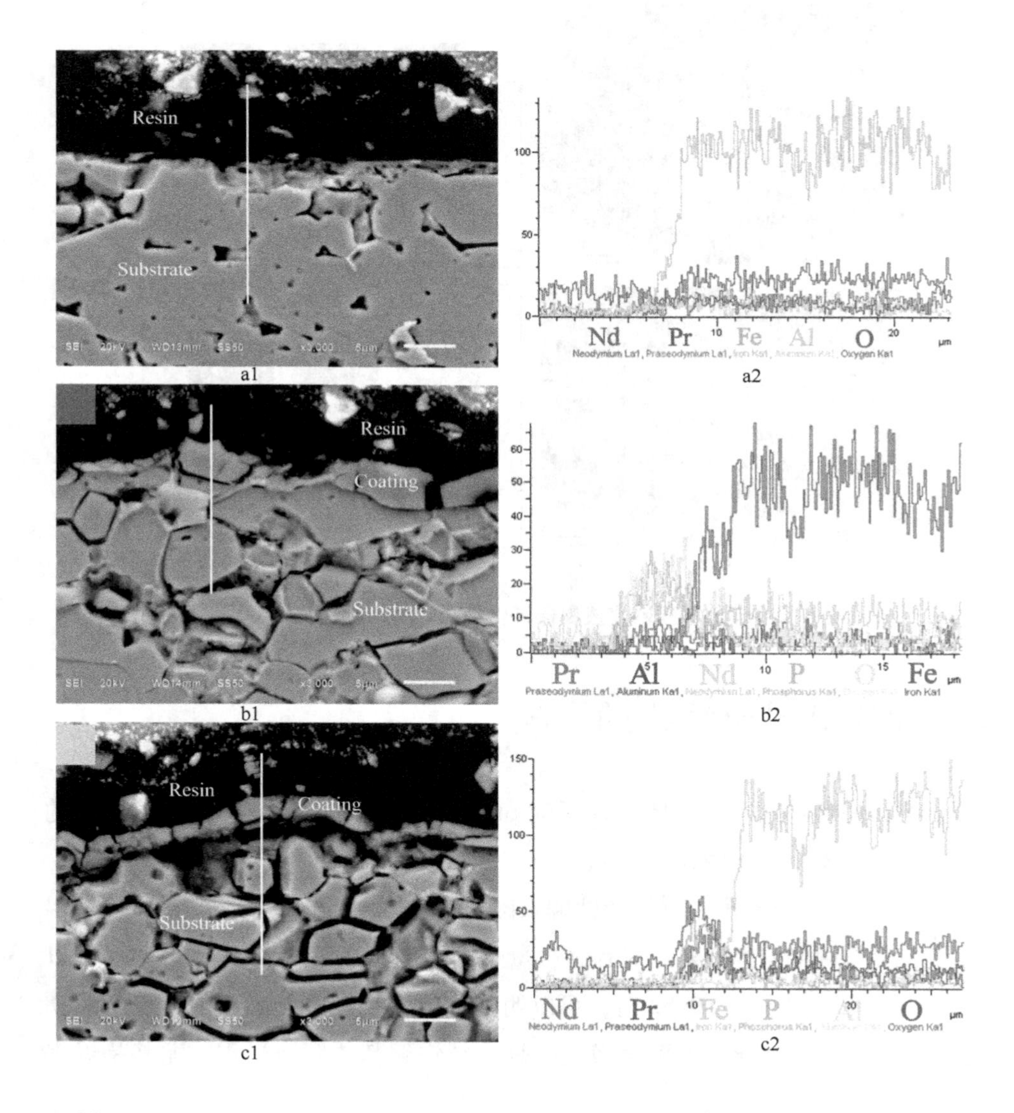

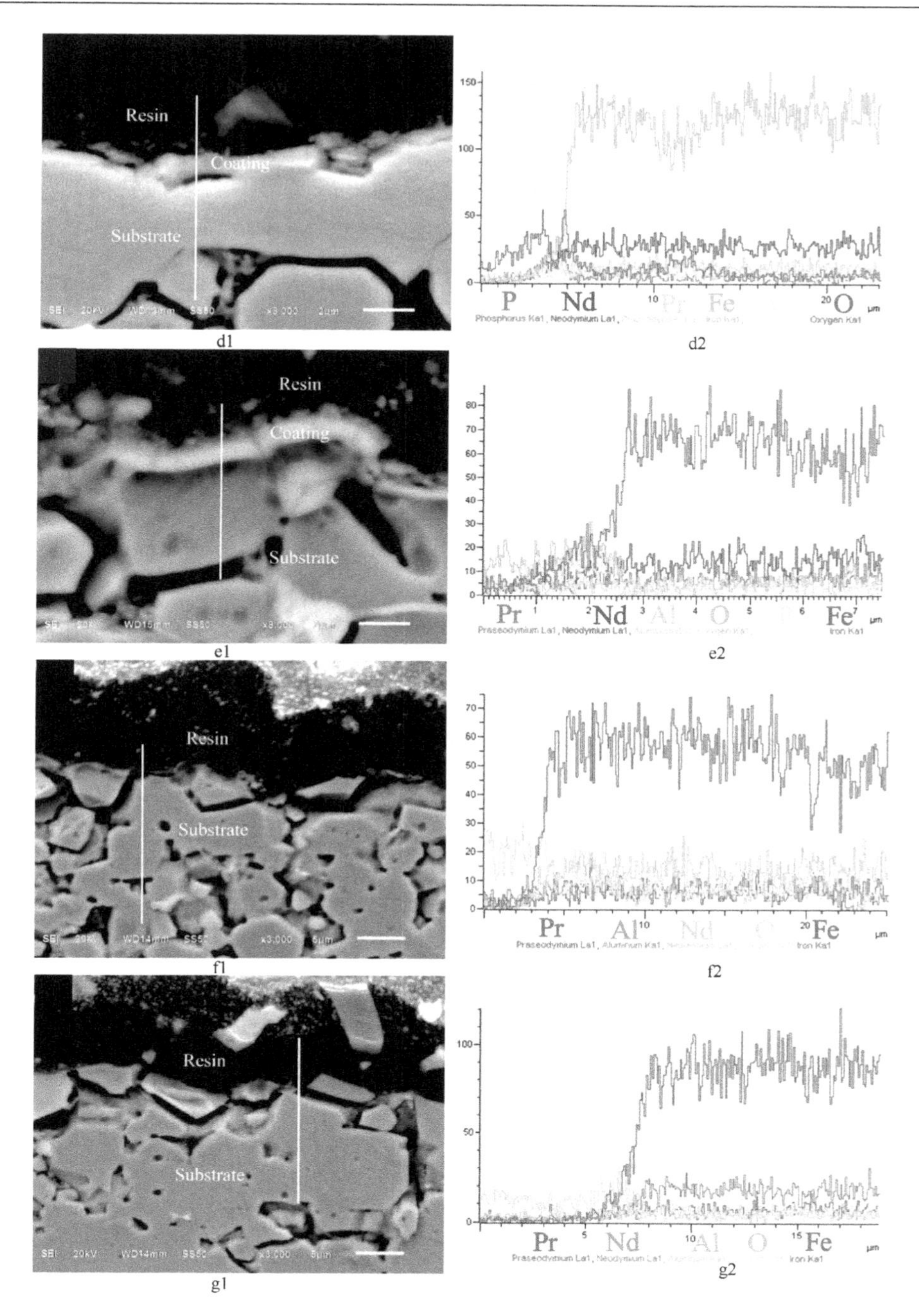

图 5-4　Nd-Fe-B 基体和不同 pH 磷化液制备转化膜的截面形貌及其元素分布

a 未腐蚀；b pH=0.52；c pH=1.00；d pH=1.36；
e pH=1.50；f pH=2.00；g pH=2.50

由其能谱测试结果可知，与在 pH 为 0.52 的磷化液中制备的转化膜类似，转化膜也主要由磷、氧、钕、镨、铁等元素组成。当转化液的 pH 升高至 1.36 和 1.50 时，因转化膜较薄，只有在较高的放大倍数下，用场发射扫描电镜才可观察到。由图 5-4d 和图 5-4e 还可以看出，烧结钕铁硼基体因近表面处的晶界相被腐蚀，所以结构较为疏松，从能谱测试结果可知，转化膜的组成元素变化不大。当转化液的 pH 高于 2.00 时，几乎没有磷酸盐化学转化膜生成，但酸性转化液的侵蚀使烧结钕铁硼基体近表面处晶界相溶解、结构疏松，相比 pH 为 2.50 的转化液，因为 pH 为 2.00 的转化液酸度更大，所以腐蚀更为严重。

5.5 不同 pH 转化液中官能团和相结构表征

图 5-5 是在不同 pH 的转化液中制备的磷酸盐转化膜的傅里叶红外光谱（FTIR）图。由图可以看出，当磷化液的 pH 分别为 0.52、1.00、1.36 和 1.50 时，所制备的磷化膜显示了—PO_4^{3-} 的典型吸收峰，弯曲振动峰和伸缩振动峰均比较明显；而当磷化液的 pH 为 2.00 和 2.50 时，不显示—PO_4^{3-} 的吸收峰，说明此时并无磷化膜产生。在 FTIR 图中，3650～3300 cm^{-1} 是 H_2O 的伸缩振动峰，且 1650 cm^{-1} 左右也是 H_2O 的振动峰，表明磷化膜中含有结晶水。在 1060 cm^{-1} 左右出现的较强吸收峰是—PO_4^{3-} 的伸缩振动吸收峰，而 520 cm^{-1} 和 540 cm^{-1} 处

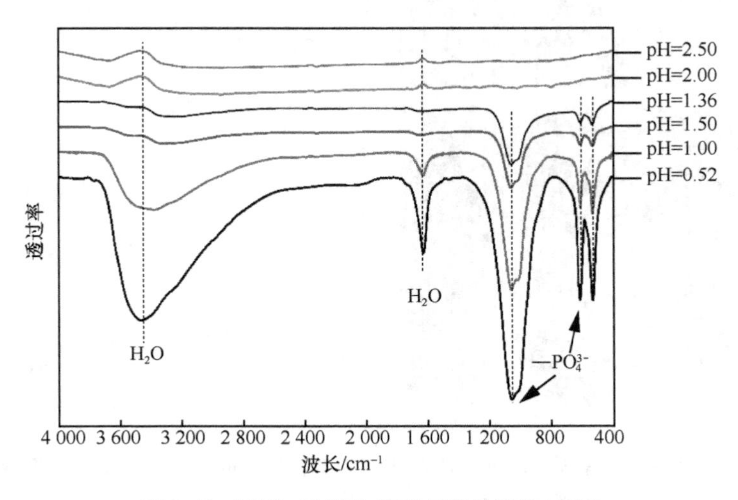

图 5-5 不同 pH 磷化液制备磷化膜的 FTIR

的吸收峰是 O ═ P ═ O 键的弯曲振动峰。

图 5-6 是在 pH 为 1.00 的磷化液中制备磷酸盐化学转化膜的 X 射线衍射（XRD）图。由图 5-6 可以看出，制备的转化膜是由磷酸钕($NdPO_4 \cdot 2H_2O$)、磷酸镨($PrPO_4 \cdot H_2O, Pr_5P_9O_{30}$) 和磷酸铁[$Fe(PO_3)_2$]组成。

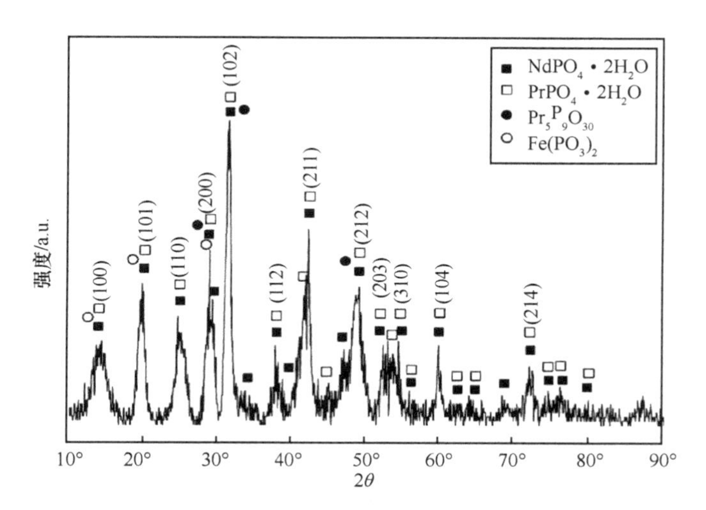

图 5-6　在 pH=1.00 的磷化液中制备的磷化盐化学转化膜的 XRD 图谱

图 5-7 是在 pH 为 1.00 的磷化液中制备磷酸盐化学转化膜的高分辨传递电子显微镜（HRTEM）图。由图 5-7a 可以看出，转化膜是由多条条状的纳米线交错组成的，其选区电子衍射花样是一系列不同半径的同心圆环［参见图 5-7b］，呈现出明显的多晶特征。其中，强度较高的两个衍射环对应于磷酸钕和磷酸镨的（200）和（102）晶面。从图 5-7c、图 5-7d 可以看出，转化膜的晶

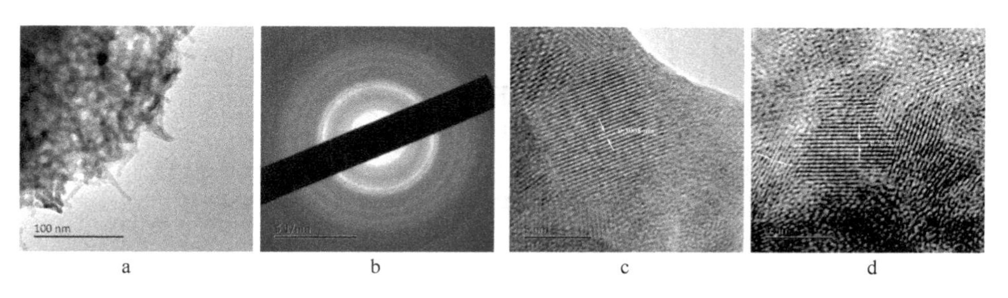

图 5-7　在 pH=1.00 的磷化液中制备的磷化盐化学转化膜的 HRTEM 图

a HRTEM 图；b 选区电子衍射花样；c 晶格条纹 1；d 晶格条纹 2

格像中存在多组排列方向不同的晶格条纹，因而再次说明制备的转化膜为多晶结构。分析结果表明，图中大部分晶格间距对应于（200）、（102）和（211）晶面，这与 X 射线衍射分析显示的择优生长方向一致。

5.6　pH 对转化膜的性能影响

5.6.1　耐蚀性

图 5-8 是烧结钕铁硼永磁合金和在不同 pH 磷化液制备的转化膜磁体在质量分数为 3.5% 的 NaCl 溶液中静态全浸腐蚀的质量损失情况。可以看出，当在 pH 为 0.52 的转化液中制备磷酸盐化学转化膜时，钕铁硼永磁合金的腐蚀速率最快，且比未制备转化膜的磁体的腐蚀速率更快。而后，钕铁硼永磁合金的腐蚀速率随磷化液 pH 的提高先减小后增大，在 pH 为 1.36 的磷化液中制备转化膜的磁体的腐蚀速率最小。

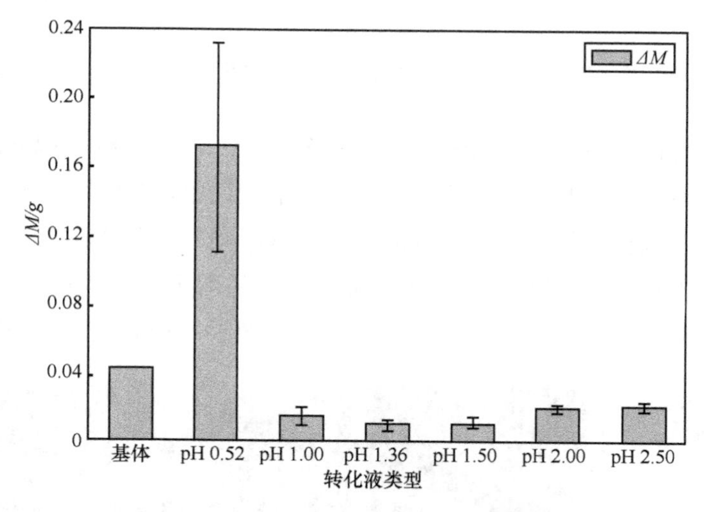

图 5-8　烧结钕铁硼永磁合金和在不同 pH 磷化液制备的转化膜磁体在质量分数为 3.5%的 NaCl 溶液中静态全浸腐蚀的质量损失

图 5-9 是烧结钕铁硼永磁合金和在不同 pH 磷化液制备的转化膜磁体在质量分数为 3.5 % 的 NaCl 溶液中静态全浸的腐蚀速率。可见，磁体的腐蚀速率与其质量损失情况呈现出相同的变化规律。

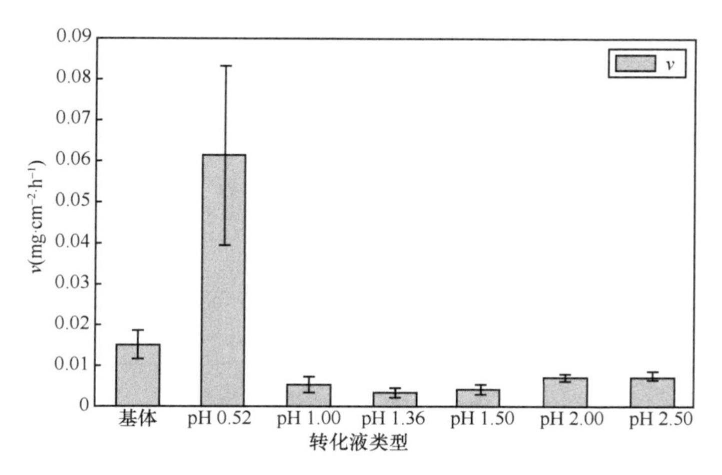

图 5-9 烧结钕铁硼永磁合金和在不同 pH 磷化液体制备的转化膜磁体在质量分数为 3.5%的 NaCl 溶液中静态全浸的腐蚀速率

图 5-10 分别是钕铁硼永磁基体和在不同 pH 磷化液中制备的含磷酸盐化学转化膜的磁体在质量分数为 3.5% 的氯化钠溶液中开路电位随时间的变化趋势。由图 5-10a 可以看出，烧结钕铁硼永磁合金在浸泡的前 200 s 内开路电位从最初的-0.909 V 迅速降低，然后存在一定幅度的波动，在浸泡大约 1400 s 后逐渐趋于稳定，约为-0.955 V。开路电位逐渐降低说明钕铁硼磁体在氯化钠水溶液中处于较为活泼的状态，很容易被腐蚀。但随着时间的延长，钕铁硼磁体与溶液中的氧气发生反应生成一层较薄的氧化膜，所以开路电位趋于稳定。从图 5-10b 至 5-10g 可以看出，在不同 pH 的转化液中制备的磷酸盐化学转化膜的开路电压呈现不同的变化趋势，这说明转化膜的性质不同。从图 5-10b 可以看出，pH 为 0.52 时制备转化膜的开路电压在浸泡的前 400 s 内开路电位从-0.897 V 迅速降低，然后逐渐稳定在-1.080 V，稳定值低于基体的-0.955 V，说明在 pH 为 0.52 的转化液中制备的转化膜耐蚀性较差。在 pH 分别为 1.00、1.36 和 1.50 的转化液中制备的磷酸盐化学转化膜的开路电压呈近似的变化趋势，说明在这 3 种条件下制备的转化膜性质类似。pH 为 1.00 时制备的转化膜的开路电压在-0.960～-0.865 V 之间变化，pH 为 1.36 时制备的转化膜的开路电压在-0.982～-0.855 V 之间变化，pH 为 1.50 时制备的转化膜的开路电压在-1.009～-0.861 V 之间变化，说明 pH 为 1.00 时制备的转化膜的耐蚀性最好，但三者相比，相差不大。pH 为 2.00 和 2.50 时制备的转化膜的开路电压波动较大，表明在这两种条件下制备的转化膜稳定性较差。

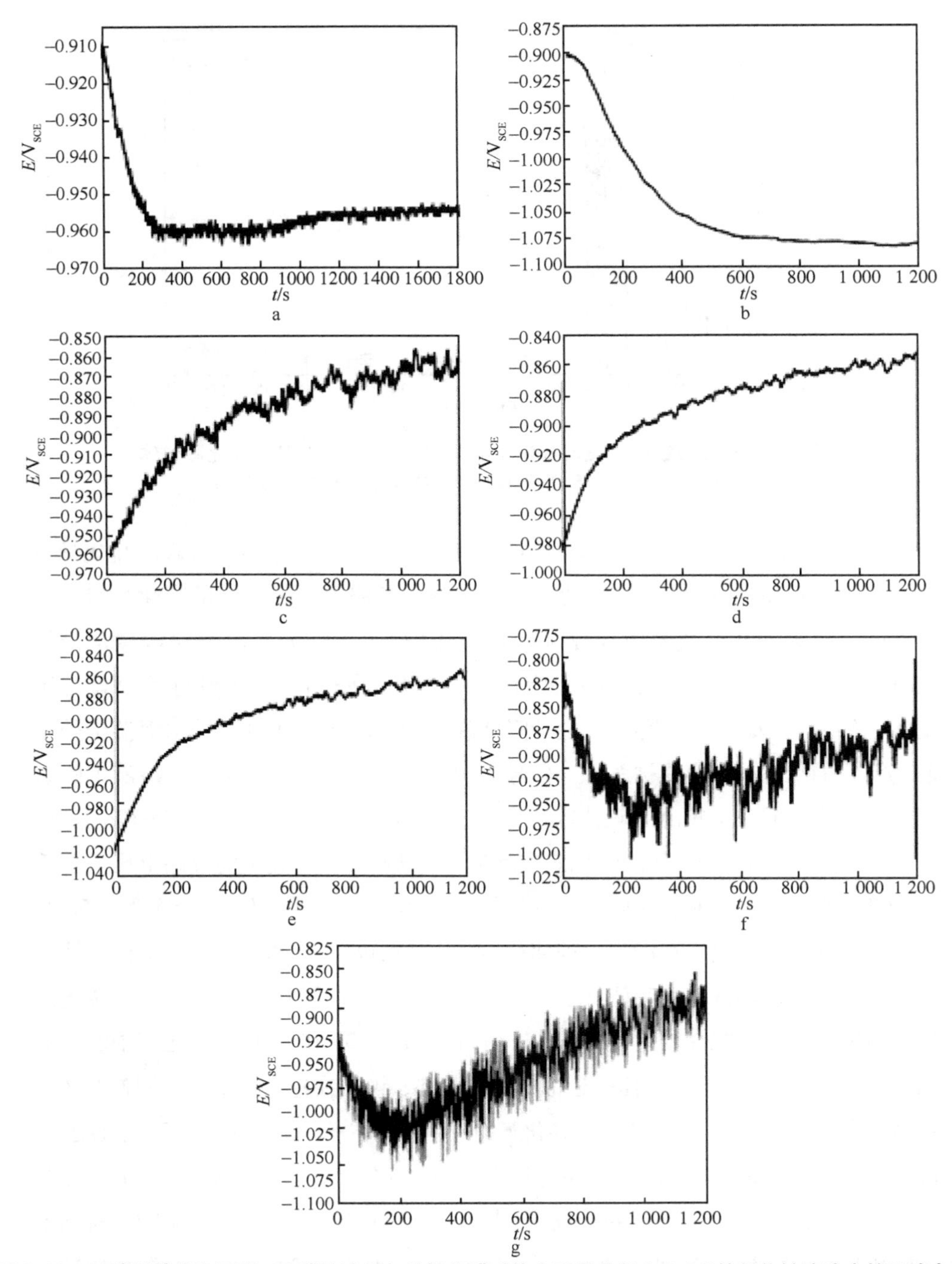

图 5-10　钕铁硼基体和不同 pH 磷化液制备的转化膜磁体在质量分数为 3.5%的氯化钠溶液中的开路电位

a 基体；b pH=0. 52；c pH=1. 00；d pH=1. 36；e pH=1. 50；f pH=2. 00；g pH=2. 50

图 5-11 是烧结钕铁硼永磁合金和在不同 pH 磷化液中制备磷酸盐化学转化膜磁体的极化曲线和对应的化学参数。从图 5-11 和表 5-3 中可以看出，除在 pH 为 0.52 的磷化液中制备的转化膜外，有磷酸盐化学转化膜样品的腐蚀电压和极化电阻均比烧结钕铁硼永磁合金要高，而腐蚀电流却低于基体，这就说明磷酸盐化学转化膜有较好的防护性能。

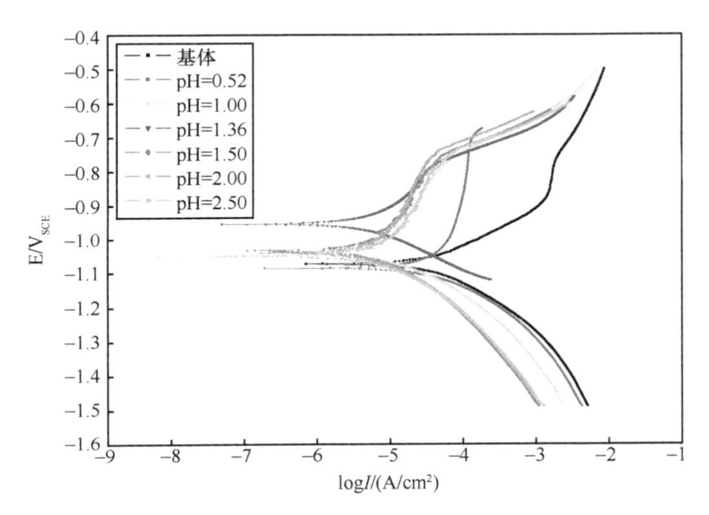

图 5-11　钕铁硼基体和不同 pH 磷化液制备转化膜磁体在质量分数为 3.5% 的氯化钠溶液中的极化曲线

表 5-3　钕铁硼基体和不同 pH 磷化液制备转化膜的电化学参数

	E_{corr}/V_{SCE}	I_{corr}/（μA/cm^2）	R_p/（Ω · cm^2）	P_E
基体	-1.079± 0.008	110.0± 16.70	(228.0 ± 24.00) ×10^3	—
pH=0.52	-1.112± 0.006	150.8± 30.80	(271.0 ± 50.00) ×10^3	—
pH=1.00	-1.062± 0.006	17.91± 4.67	(1509 ± 492.0) ×10^3	83.72%
pH=1.36	-1.030± 0.021	21.58± 3.14	(1221 ± 91.00) ×10^3	80.38%
pH=1.50	-1.048± 0.009	20.40± 7.76	(1230 ± 376.0) ×10^3	81.45%
pH=2.00	-1.078± 0.016	13.40± 2.38	(1924 ± 339.0) ×10^3	87.82%
pH=2.50	-1.084± 0.008	24.46± 4.55	(1105 ± 276.0) ×10^3	77.36%

随着转化液 pH 的升高，转化膜的腐蚀电压、极化电阻和防护效率先增大、后减小，而腐蚀电流先减小、后增大，表明转化膜的耐蚀性随着 pH 的升高先提高、后降低。当磷化液 pH 为 1.36 时，制备磷酸盐化学转化膜的耐蚀性最好。

5.6.2 润湿性

润湿性是指一种液体在一种固体表面铺展的能力或倾向性，材料的润湿性与其表面张力和自由能有关，由固体材料表面的化学组成和微观结构的粗糙度决定。将一滴液体滴到固体材料表面时，其平衡接触角（θ）与固-液界面自由能（γ_{sl}）、固-气界面自由能（γ_{sg}）和气-液（γ_{lg}）界面之间的自由能满足杨氏方程：

$$\gamma_{sg} - \gamma_{sl} = \gamma_{lg}\cos\theta \tag{5-1}$$

液体在固体表面的润湿类型可分为沾湿、浸湿和铺展 3 种，将杨氏方程分别带入与 3 种润湿过程相对应的热力学条件即体系自由能公式中，可分别得到黏附功、浸润功和铺展系数，

$$W_a = \gamma_{sg} + \gamma_{lg} - \gamma_{sl} = \gamma_{lg}(\cos\theta + 1) \tag{5-2}$$

$$W_i = \gamma_{sg} - \gamma_{sl} = \gamma_{lg}\cos\theta \tag{5-3}$$

$$S = \gamma_{sg} - \gamma_{lg} - \gamma_{sl} = \gamma_{lg}(\cos\theta - 1) \tag{5-4}$$

式中，W_a 是黏附功，W_i 是浸润功，S 是铺展系数。由以上 3 个公式可知，只要测出接触角（θ）和气-液界面的自由能（γ_{lg}），就能够得到黏附功、浸润功和铺展系数，进而判断各种润湿状态。当气-液界面的自由能（γ_{lg}）一定时，可直接根据接触角（θ）的大小来判断润湿情况，接触角（θ）越小，则 $\cos\theta$ 越大，相应的 W_a 、W_i 和 S 越大，即润湿性越好。所以，接触角（θ）可作为表征润湿性的参数。

表 5-4 是烧结钕铁硼永磁合金基体和在不同 pH 转化液中制备的磷酸盐化学转化膜的接触角。图 5-12 是接触角的变化趋势。图 5-13 是去离子水液滴在烧结钕铁硼永磁合金基体和磷化膜表面的典型形貌。

表 5-4　烧结钕铁硼合金基体和在不同 pH 磷化液中制备磷化膜的接触角

磷化液的 pH	接触角
基体	106.6° ± 6.2°
pH=0.52	17.3° ± 1.5°
pH=1.00	22.5° ± 2.0°
pH=1.36	42.8° ± 3.5°
pH=1.50	51.0° ± 3.2°
pH=2.00	116.2° ± 6.9°
pH=2.50	102.5° ± 6.2°

从表 5-4、图 5-12 和图 5-13 可以看出，当烧结钕铁硼永磁合金表面有磷酸盐化学转化膜生成（磷化液的 pH 为 0.52、1.00、1.36 和 1.50）时，样品的接触角是基体的 16%～48%，说明转化膜的存在改变了烧结钕铁硼永磁合金的表面润湿性。磷化处理后，表面能较高的磷酸盐化学转化膜使接触角减小，提高了烧结钕铁硼永磁合金表面的亲水性。当磷化液的 pH 为 2.00 和 2.50 时，由傅里叶红外光谱分析可知，样品表面并无磷酸盐化学转化膜生成，而是生成了一层稳定的钝化膜，钝化膜的表面能较低，所以接触角较大。另外，固体表面的润湿性不但与其表面的化学组成有关，还与其微观结构有关。因杨氏方程是

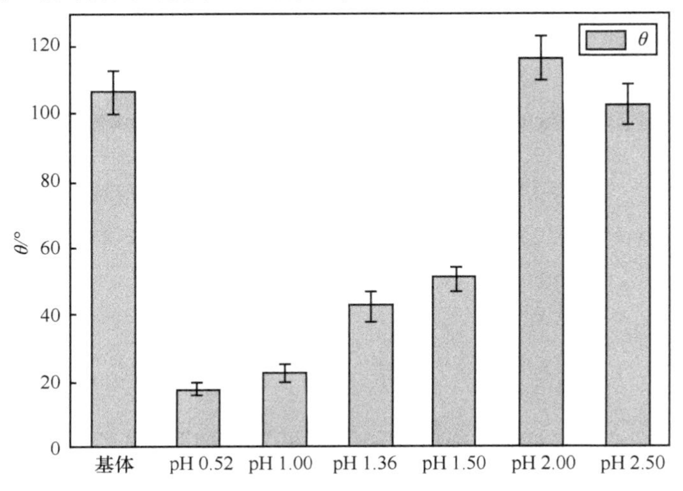

图 5-12　不同 pH 磷化液制备磷化膜的接触角变化趋势

根据理想模型建立的，仅仅适用于化学成分均匀、表面光滑的理想表面，Wenzel 等将粗糙因子引入杨氏方程，提出适用于粗糙表面的方程：

$$r(\gamma_{sg}-\gamma_{sl})=\gamma_{lg}\cos\theta' \tag{5-5}$$

式中，θ' 为粗糙表面的接触角，r 为粗糙因子，是真实面积与表观面积之比，表面越粗糙，r 越大。当 $\theta'<90°$时，与理想情况相比，$r=\dfrac{\cos\theta'}{\cos\theta}>1$。这说明表面粗糙度增加会使接触角变小，从而提高润湿性。从图 5-13 可以看出，在 pH 为 0.52 转化液中制备转化膜的粗糙度最大，因而接触角最小、润湿性最好；在 pH 为 1.00，1.36 和 1.50 的转化液中制备转化膜的粗糙度依次减小，因而接触角逐渐变大，润湿性依次减弱。而烧结钕铁硼永磁合金基体表面有一层致密的氧化膜，其表面能较低，所以接触角大。另外，具有磷酸盐化学转化膜的样品不仅粗糙度较大，还含有丰富的 P—O 和 H—O 亲水基团。因此，降低了接触角，提高了表面润湿性。

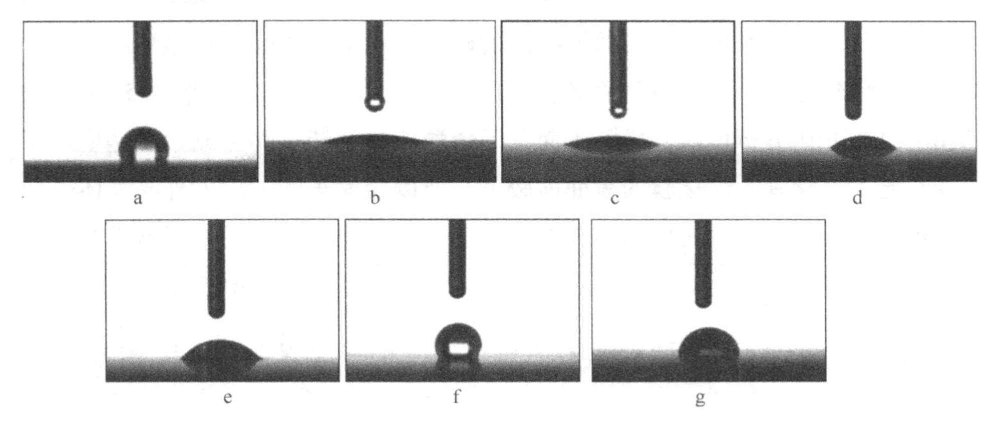

图 5-13　不同 pH 磷化液制备磷化膜的液滴形貌

a 基体；b pH=0.52；c pH=1.00；d pH=1.36；e pH=1.50；f pH=2.00；g pH=2.50

5.6.3　磁性能

表 5-5 和图 5-13 是烧结钕铁硼永磁合金和经不同 pH 转化液处理后样品的磁性能测量结果。

表 5-5 烧结钕铁硼永磁合金和经不同 pH 磷化液磷化处理样品的磁性能

	B_r/ kGs	$(BH)_m$/ MGsOe	H_{cj}/kOe	H_k/H_{cj}
基体	13. 220 ± 0. 034	42. 660 ± 0. 193	17. 130 ± 0. 131	0. 970 ± 0. 002
pH=0. 52	13. 150± 0. 039	38. 840 ± 0. 370	16. 710 ± 0. 102	0. 820 ± 0. 044
pH=1. 00	13. 170± 0. 063	42. 400 ± 0. 375	17. 120 ± 0. 329	0. 970 ± 0. 006
pH=1. 36	13. 220± 0. 033	42. 700 ± 0. 207	17. 080 ± 0. 251	0. 970 ± 0. 009
pH=1. 50	13. 220± 0. 067	42. 670 ± 0. 454	17. 150 ± 0. 273	0. 980 ± 0. 006
pH=2. 00	13. 260± 0. 061	42. 890 ± 0. 344	17. 040 ± 0. 308	0. 980 ± 0. 008
pH=2. 50	13. 210 ± 0. 044	42. 620 ± 0. 242	16. 970 ± 0. 164	0. 970 ± 0. 007

由表 5-5 和图 5-14 可以看出，磷化处理后，样品的磁性能均呈现下降的趋势。这是因为当样品浸入酸性转化液时，活泼的晶界富钕相首先发生溶解，造成合金表面结构疏松（图 5-15），导致合金的密度减小，因而受密度影响的剩磁和最大磁能积均有所损失。而且，晶界富钕相形态和含量对烧结钕铁硼永磁合金的内禀矫顽力起着至关重要的作用，因此富钕相的溶解会使内禀矫顽力降低。另外，酸性转化液不仅会溶解晶界富钕相，对 $Nd_2Fe_{14}B$ 主晶相也会造成一定程度的腐蚀。$Nd_2Fe_{14}B$ 主晶相是烧结钕铁硼永磁合金的磁性主要来源，主晶相的腐蚀也会使烧结钕铁硼永磁合金的磁性能降低。在不同 pH 的转化液中进行磷化处理后，会在样品表面生成一层无磁性的磷酸盐化学转化膜或钝化膜，这是造成烧结钕铁硼永磁合金磁性降低的另一个原因。由表 5-5 和图 5-14 还可以看出，当磷化液的 pH 为 0. 52 时，样品的磁性下降最明显。这是因为此时转化液的酸度最大，对磁体的腐蚀最为严重，而且生成磷酸盐化学转化膜的厚度最大。在 pH 为 1. 00，1. 36 和 1. 50 的转化液中进行磷化处理样品的磁性降低程度不大，都与基体相近，且获得的转化膜具有较好的耐蚀性。因此，适用于烧结钕铁硼永磁合金的转化液 pH 范围是 1. 00～1. 50。

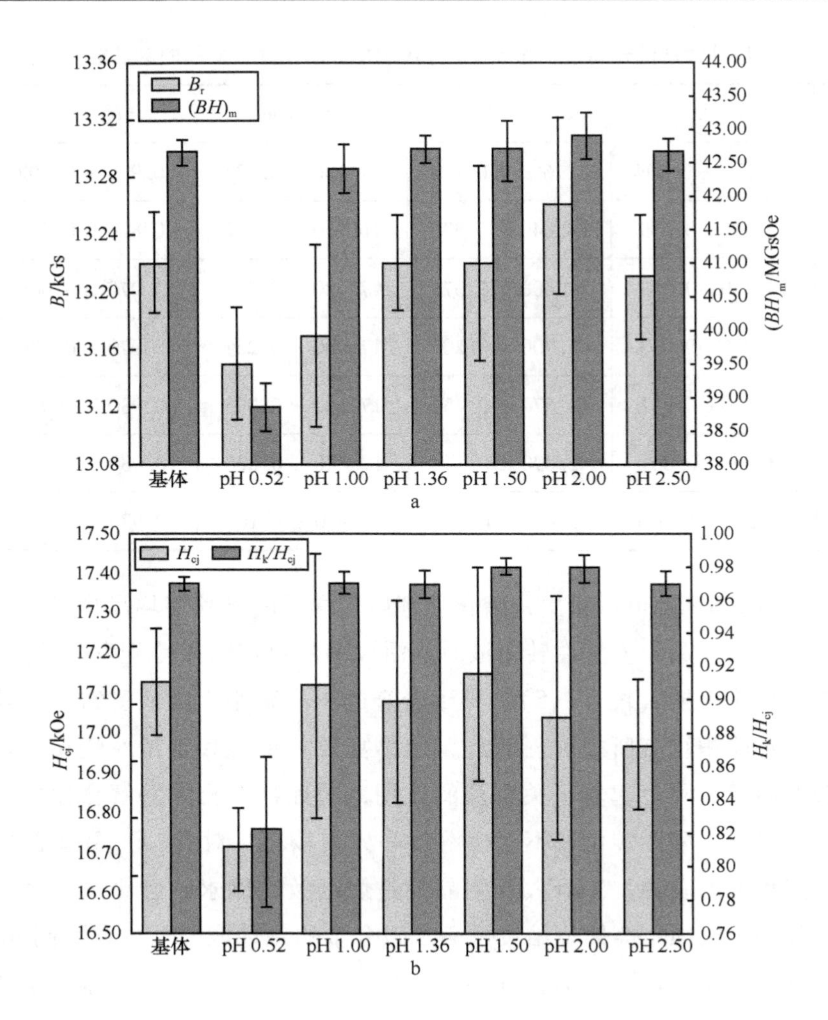

图 5-14　烧结钕铁硼永磁合金和经不同 pH 磷化液磷化处理样品的磁性能

a 剩磁和最大磁性能；b 内禀矫顽力和方形度

5.7　烧结钕铁硼永磁合金的表面复合涂层

在烧结钕铁硼永磁合金和经不同 pH 转化液磷化处理的样品表面通过静电喷涂的方法覆盖一层环氧树脂涂层，从而获得了磷酸盐化学转化膜+环氧树脂的复合涂层。图 5-15 是制备了复合涂层的烧结钕铁硼永磁合金的横截面微观形貌和能谱图。从图 5-15a 可以看出，烧结钕铁硼永磁合金表面的环氧树脂涂层均匀、致密，其厚度约为 44.4 μm；从图 5-15b 的放大图可以看出，磷酸盐化学转化膜以连续、致密、0.5～1.0 μm 厚度的薄层状包裹在烧结钕铁硼永磁合金表层的 $Nd_2Fe_{14}B$ 主晶相的晶粒边界上。

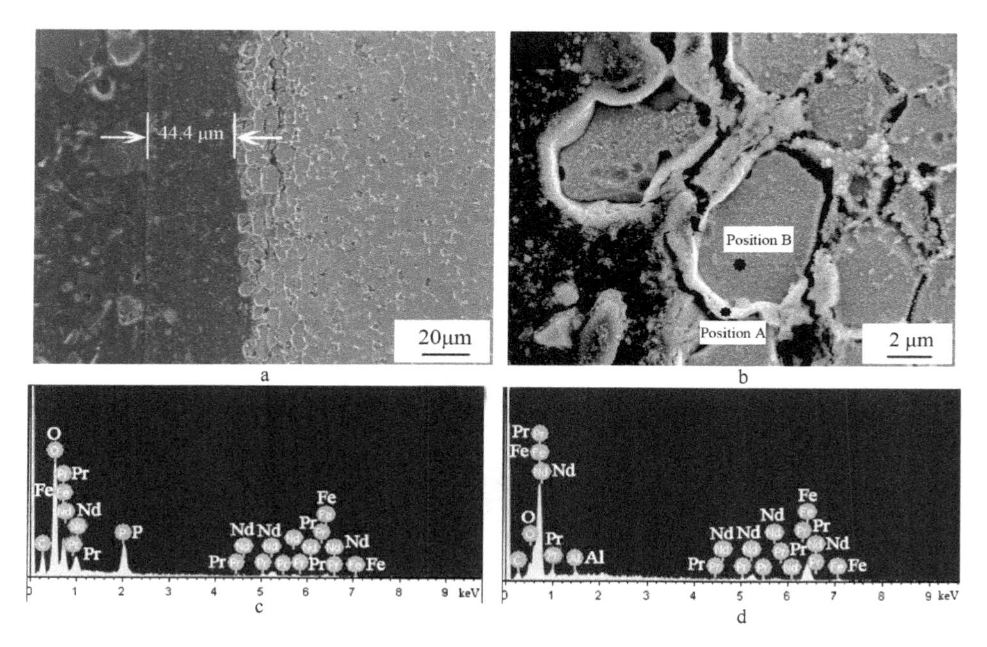

图 5-15　烧结钕铁硼永磁合金表面复合涂层的横截面微观形貌及其能谱

a 低倍 SEM 图像；b 高倍 SEM 图像；c 磷化膜能谱；d 钕铁硼基体能谱

材料表面防护层与基体的结合力会直接影响其对材料的保护性能，同时还会影响其使用寿命和使用范围。因此，膜基结合力测试是评估防护层或防护体系的重要指标。图 5-16 是烧结钕铁硼永磁合金基体和经不同 pH 转化液磷化处理样品的表面复合涂层划格法测试照片，表 5-6 是对应的附着力等级。

从图 5-16 和表 5-6 可以看出，在未制备磷酸盐化学转化膜的烧结钕铁硼永磁合金基体表面直接喷涂环氧树脂，测试时在其切口交叉处出现少许涂层脱落，但交叉切割面积受影响小于 5%，故其附着力评级为 1 级；在经 pH 为 0.52、1.00、1.36 和 1.50 的转化液处理烧结钕铁硼永磁合金的表面喷涂环氧树脂，测试时其切割边缘完全平滑，无一格脱落，附着力评级均为 0 级；在经 pH 为 2.00 和 2.50 的转化液处理烧结钕铁硼永磁合金的表面喷涂环氧树脂，测试时在其切口交叉处有少许涂层脱落，交叉切割面积受影响小于 5%，附着力评级也均为 1 级。从前面的分析可知，当转化液的 pH 为 2.00 时，烧结钕铁硼永磁合金的表面几乎没有磷酸盐化学转化膜生成，因此磷酸盐化学转化膜能够有效提高基体与后续涂层之间的结合力。

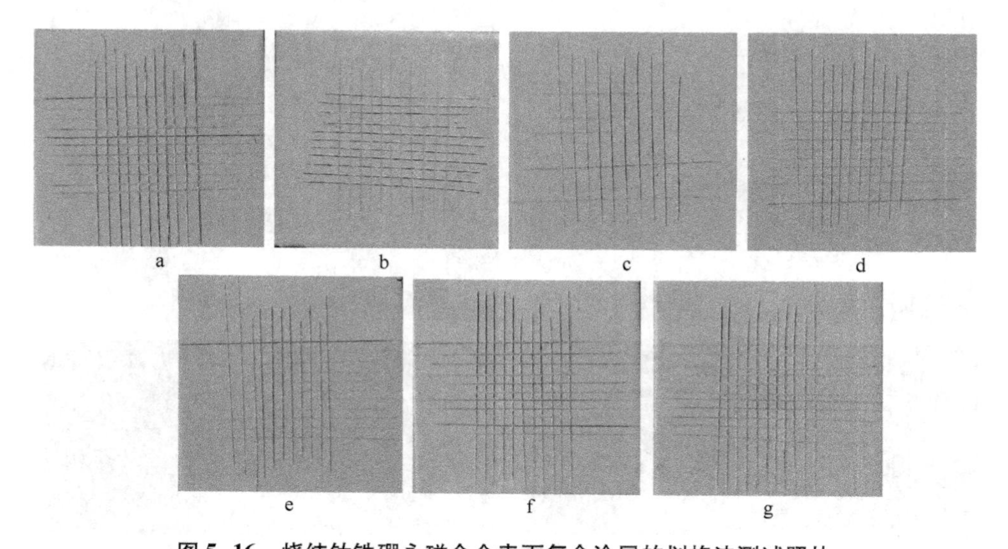

图 5-16　烧结钕铁硼永磁合金表面复合涂层的划格法测试照片

a 基体；b pH=0.52；c pH=1.00；d pH=1.36；e pH=1.50；f pH=2.00；g pH=2.50

表 5-6　烧结钕铁硼永磁合金表面复合涂层的附着力等级

	基体	pH=0.52	pH=1.00	pH=1.36	pH=1.50	pH=2.00	pH=2.50
附着力等级	1	0	0	0	0	1	1

另外，中性盐雾试验结果表明，烧结钕铁硼永磁合金表面制备的磷酸盐化学转化膜+环氧树脂的复合涂层可以承受 500 h 的连续盐雾腐蚀，由此可见该复合涂层具有优异的耐蚀性。

5.8 本章小结

①在 pH 为 0.52、1.00、1.36 和 1.50 的转化液中进行磷化处理，能够在烧结钕铁硼永磁合金表面生成磷酸盐化学转化膜。当转化液的 pH 升高到 2.00 时，几乎无转化膜生成。当 pH 升高到 2.50 时，转化液中的成膜离子会在磁体表面形成柱状析出物。转化膜的膜重随着转化液 pH 升高而逐渐减小。

②在 pH 为 0.52 的转化液中制备的磷酸盐化学转化膜分为两层，呈块状分布且晶粒尺寸较大。随着转化液 pH 升高，转化膜逐渐变得致密、光滑且晶粒尺寸得到一定程度细化。

③烧结钕铁硼永磁合金表面的磷酸盐化学转化膜主要由磷酸钕($NdPO_4 \cdot 2H_2O$)、磷酸镨($PrPO_4 \cdot H_2O, Pr_5P_9O_{30}$)和磷酸铁[$Fe(PO_3)_2$]组成。随着转化液 pH 升高，磷酸钕和磷酸镨的含量不断减少，磷酸铁的含量不断增加。转化膜中的氧元素和磷元素主要分布在晶粒表面，晶界处分布较少；铁元素主要富集在晶界处，在晶粒表面分布较少；钕元素和镨元素的分布相对比较均匀，但在晶界处的分布略少。

④在 pH 为 1.00、1.36 和 1.50 的转化液中制备的转化膜的耐蚀性好。在 pH 为 0.52 的转化液中制备的转化膜因晶粒粗大、结构疏松，耐蚀性最差。在 pH 为 2.00 和 2.50 的转化液中几乎无转化膜生成，因此对烧结钕铁硼永磁合金的耐蚀性影响不大。在烧结钕铁硼永磁合金表面制备磷酸盐化学转化膜能够有效提高材料的润湿性，且转化液的 pH 越小，其润湿性越好。经过磷化处理的烧结钕铁硼永磁合金的主要磁性均呈现降低的趋势。当转化液的 pH 为 0.52 时，磁性下降最为明显，在其他条件下磁性降幅不大。因此，适用于烧结钕铁硼永磁合金的磷酸盐化学转化液的适宜 pH 范围为 1.00～1.50。

⑤在烧结钕铁硼永磁合金表面制备的磷酸盐化学转化膜 + 环氧树脂的复合涂层具有优异的耐蚀性。在喷涂环氧树脂之前先进行磷化处理，能够有效提高基体与涂层之间的结合力。

第六章 转化温度对烧结钕铁硼永磁合金表面磷酸盐化学转化膜的组织和性能影响

通过实验已确定了适用于烧结钕铁硼永磁合金的转化液最优 pH 范围为 1.00～1.50。然而，除转化液 pH 外，转化温度也是影响转化膜质量的一个重要工艺参数。化学转化是吸热反应，升高温度会促进反应进行。一般来说，适当升高温度能够增加材料表面的活性，提高成膜速度，并增加转化膜厚度。但是，如果温度太高，则容易在转化液中产生沉淀，造成成膜离子的浪费，还会使转化膜晶粒粗大、耐蚀性降低。但若转化温度过低，化学转化反应进行的不够彻底，会使转化膜不能完全覆盖基体表面，甚至不能成膜。因此，在进行化学转化的过程中，应该对转化温度进行严格把控。本章通过对在不同转化温度下制备磷酸盐化学转化膜的组织结构和性能进行研究，来确定优化的转化温度。

6.1 对膜厚与膜重的影响

表 6-1 是当转化液的 pH 为 1.00 时，在不同转化温度下制备磷酸盐化学转化膜的膜重和膜厚。其中，膜厚是根据文献中膜重与膜厚的关系换算得到的。

由表 6-1 可以看出，随转化温度升高，膜重从（3.9310 ± 0.0690）g/m^2 逐渐增加到（4.3678 ± 0.2217）g/m^2，呈现缓慢增加趋势。温度是转化膜的成膜动力，升高温度能促进转化膜成膜，进而膜重会持续增加。这是因为升高温度能够激活烧结钕铁硼永磁合金表面的低能量点，使成核点增多，从而增加转化膜的膜重。

表 6-1　在不同转化温度下制备磷酸盐化学转化膜的膜重和膜厚

转化温度/℃	膜重/($g \cdot m^{-2}$)	膜厚/μm
50	3.9310 ± 0.0690	3
60	4.1379 ± 0.0690	3
70	4.1609 ± 0.0796	3
80	4.2069 ± 0.1825	3
90	4.3678 ± 0.2217	3

6.2　对转化膜的形貌影响

6.2.1　宏观形貌

图 6-1 是烧结钕铁硼永磁合金基体和当转化液的 pH 为 1.00 时，在不同转化温度下制备磷酸盐化学转化膜在自然光下的宏观形貌照片。由图 6-1 可以看出，烧结钕铁硼永磁合金基体带有明显的金属光泽，而在其表面制备转化膜后，样品表面呈灰色，不同温度下制备磷酸盐化学转化膜的宏观形貌差别不大。

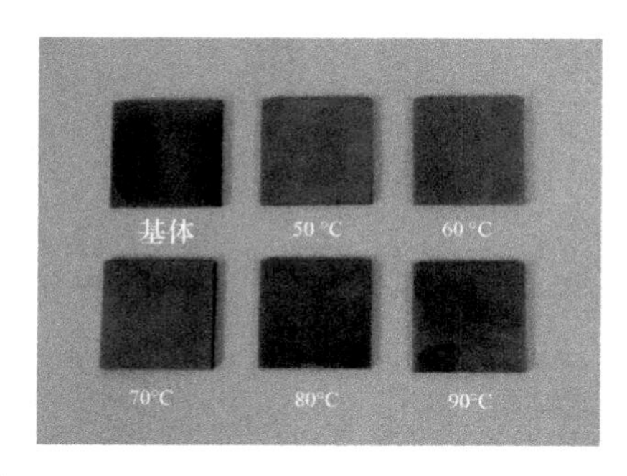

图 6-1　在不同转化温度下制备磷酸盐化学转化膜的宏观形貌

6.2.2　微观形貌

图 6-2 是当转化液的 pH 为 1.00 时，在不同转化温度下制备磷酸盐化学转化膜的表面形貌 SEM 照片和能谱图。

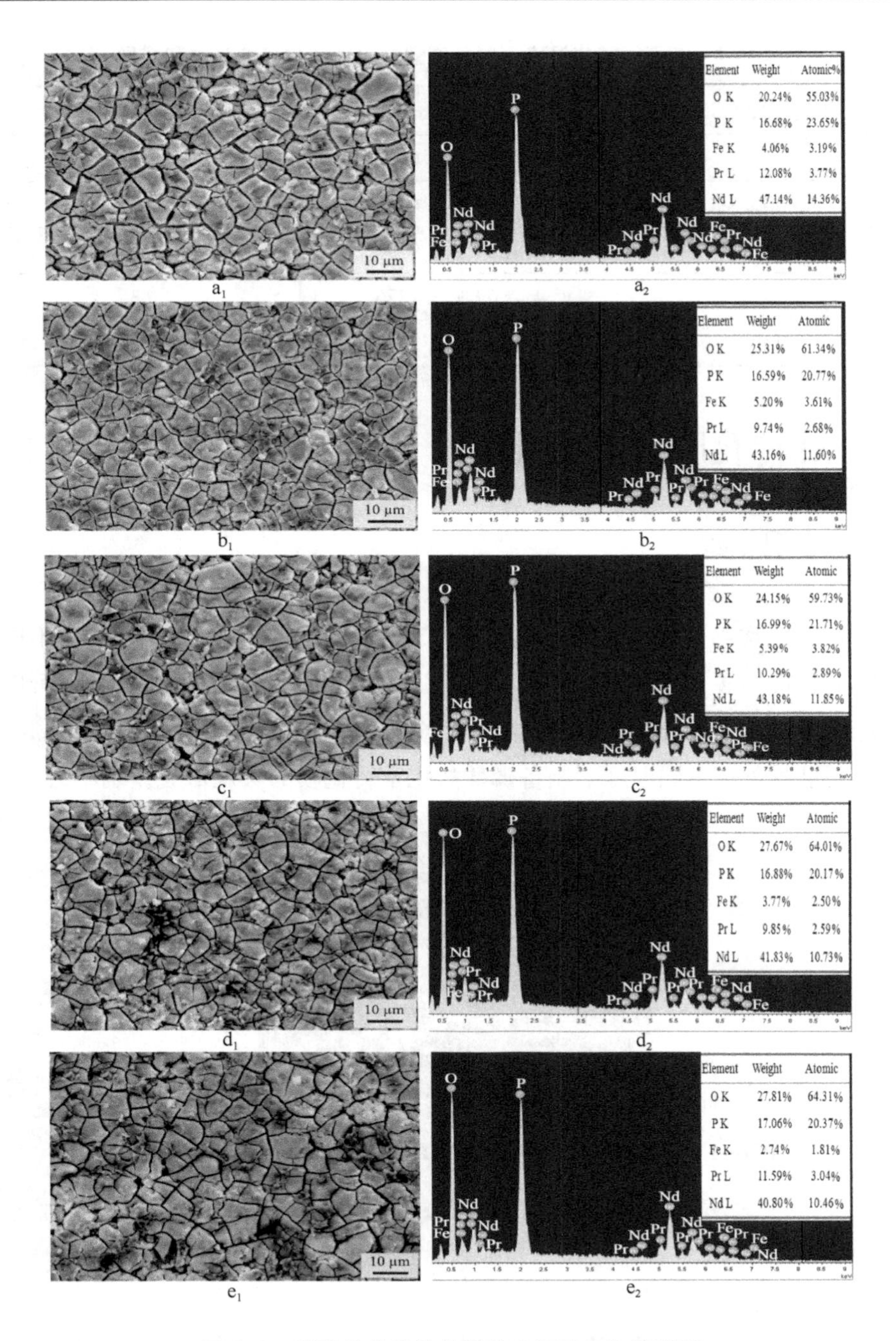

图 6-2　磷酸盐化学转化膜的表面形貌和能谱图

a 50 ℃；b 60 ℃；c 70 ℃；d 80 ℃；e 90 ℃

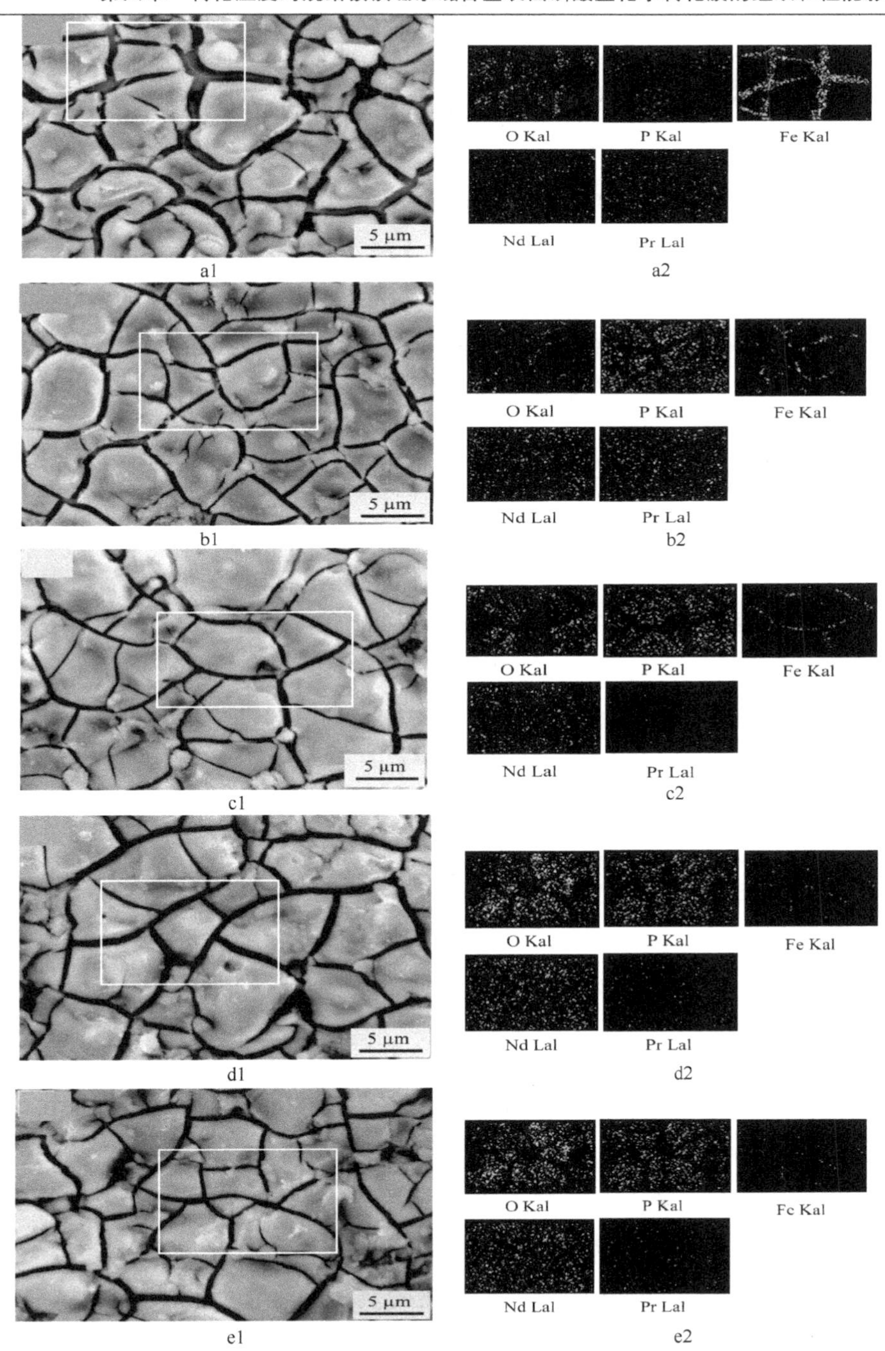

图 6-3　在不同转化温度下制备的转化膜的高倍 SEM 照片及其元素分布

a 50 ℃；b 60 ℃；c 70 ℃；d 80 ℃；e 90 ℃

从图6-2可以看出，当转化液的pH为1.00时，在不同温度下制备磷酸盐化学转化膜的形貌差别不大，主要以不规则的块状晶粒附着在烧结钕铁硼基体表面，晶粒尺寸为5～10μm。由能谱测试结果可知，转化膜主要含有氧、磷、钕、镨、铁等元素。其中，氧元素和磷元素的重量百分比约为25%和17%，钕元素的重量百分比约为40%，镨元素的重量百分比约为10%，而铁元素的重量百分比仅约为4%。可见，转化膜的主要组成相是钕、镨的磷酸盐，还有极少量铁的磷酸盐，且转化温度对烧结钕铁硼永磁合金表面磷酸盐化学转化膜相组成的影响不大。从图6-2还可以看出，在转化温度为50 ℃时制备的转化膜的晶粒间隔比较大。随着转化温度升高，转化膜的致密性增加。但是，当转化温度增加到80 ℃时，转化膜开始出现晶粒大小不均匀的现象，并且晶粒表面粗糙度增加。这可能是因为在较高温度下，转化膜在酸性转化液中发生溶解再结晶而造成的。相对来说，当转化温度为60 ℃和70 ℃时，制备的磷酸盐化学转化膜较为均匀、致密。

图6-3是当转化液的pH为1.00时，在不同转化温度下制备的磷酸盐化学转化膜的高倍SEM照片和元素分布情况。

由图6-3可以看出，在不同转化温度下制备的磷酸盐化学转化膜中，各元素分布规律基本相同。氧元素和磷元素主要分布在晶粒表面，晶界处分布较少；而铁元素却呈现出相反的分布规律，富集在晶界处，在晶粒表面分布较少；钕元素和镨元素的分布相对比较均匀，但是在晶界处的分布较少。

6.3 官能团表征

图6-4是当转化液的pH为1.00时，在不同转化温度下制备转化膜的傅里叶红外光谱（FTIR）图。由图可以看出，在每个转化温度下所制备的磷化膜均显示了—PO_4^{3-}的典型吸收峰，弯曲振动峰和伸缩振动峰均比较明显。这表明，制备的转化膜中含有磷酸根，与能谱测试结果一致。在FTIR图中，3600～3300 cm^{-1}是H_2O的伸缩振动峰，且1650 cm^{-1}左右也是H_2O的振动峰，表明磷化膜中含有结晶水。在1060 cm^{-1}左右出现的较强吸收峰是—PO_4^{3-}的伸缩振动吸收峰，而520 cm^{-1}和540 cm^{-1}处的吸收峰是O＝P＝O键的弯曲振动峰。

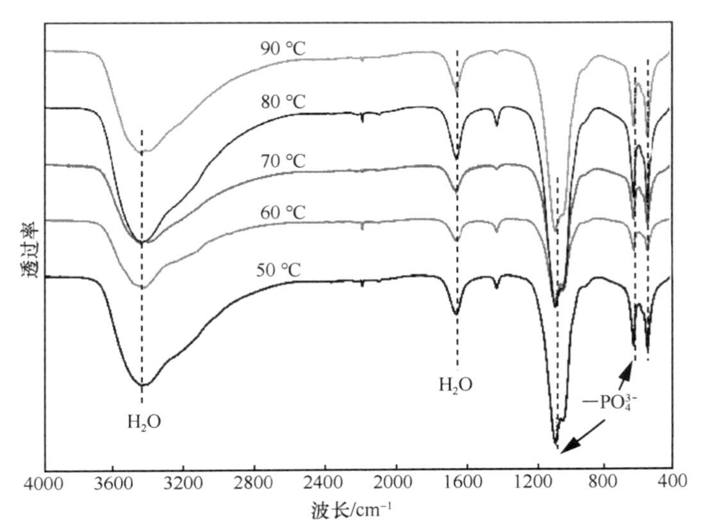

图 6-4　不同转化温度下制备磷化膜的 FTIR 图

6.4　对转化膜的性能影响

6.4.1　耐蚀性

图 6-5 是烧结钕铁硼永磁合金和在不同转化温度下制备磷酸盐化学转化膜的磁体在质量分数为 3.5% 的 NaCl 溶液中静态全浸腐蚀的质量损失情况。可以看出，钕铁硼永磁合金的腐蚀速率最快，为（0.0410 ± 0.0095）g，而有磷酸盐化学转化膜磁体的腐蚀速率明显降低，约为 0.0100 g。然而，在不同转化温度制备磷化膜的钕铁硼永磁合金的腐蚀速率相差不大。这表明，温度对转化膜的耐蚀性影响较小。

图 6-6 是烧结钕铁硼永磁合金和不同转化温度制备磷酸盐化学转化膜磁体在质量分数为 3.5% 的 NaCl 溶液中静态全浸腐蚀的速率。可见，磁体的腐蚀速率与其质量损失情况呈现出相同的变化规律。

图 6-7 是烧结钕铁硼永磁合金基体和不同转化温度制备磷酸盐化学转化膜磁体在质量分数为 3.5% 的氯化钠溶液中开路电位随时间的变化趋势。

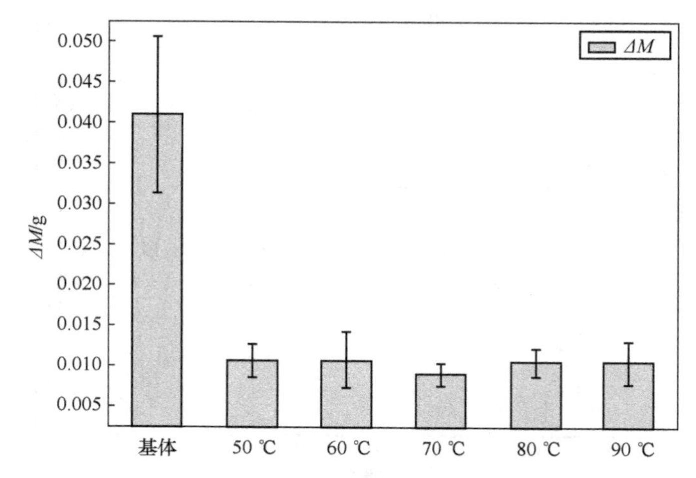

图 6-5　烧结钕铁硼永磁合金和不同转化温度制备磷酸盐化学转化膜磁体在质量分数为 3.5%的 NaCl 溶液中静态全浸腐蚀的质量损失

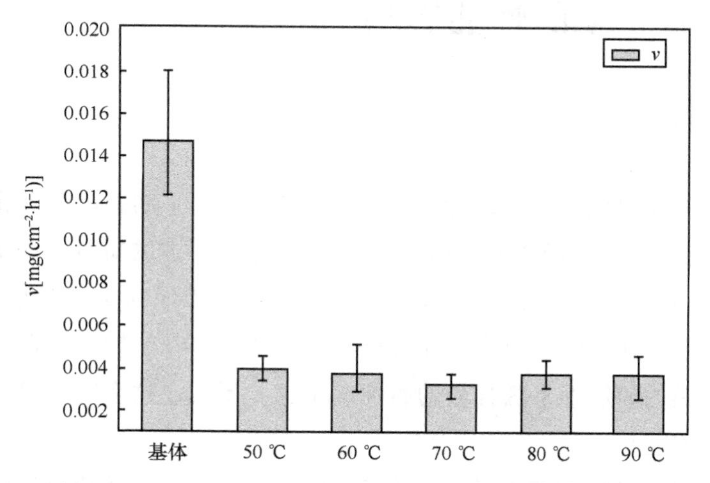

图 6-6　烧结钕铁硼永磁合金和不同转化温度制备磷酸盐化学转化膜磁体在质量分数为 3.5%的 NaCl 溶液中静态全浸腐蚀的速率

从图 6-7 可以看出，烧结钕铁硼永磁合金的开路电位在-0.955 V 左右稳定，而含磷酸盐化学转化膜样品的开路电位均高于基体，这说明转化膜能提高样品的耐蚀性。其中，在 70 ℃制备转化膜的开路电位稳定值最高，说明耐蚀性最好。当转化温度升高到 80 ℃和 90 ℃，转化膜的开路电位开

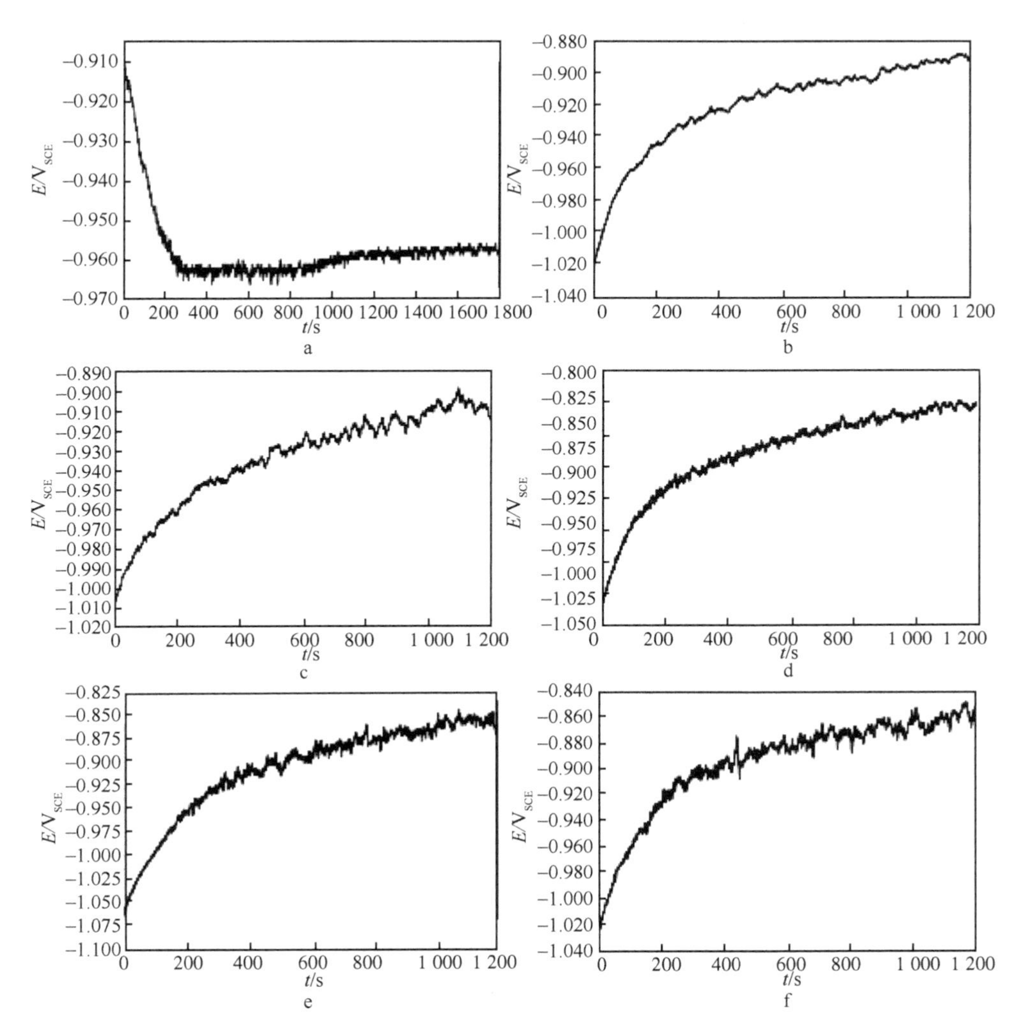

图 6-7　烧结钕铁硼永磁合金基体和不同转化温度制备磷酸盐化学转化膜的磁体在质量分数为 3.5%的 NaCl 溶液中的开路电位与时间的关系

a 基体；b 50 ℃；c 60 ℃；d 70 ℃；e 80 ℃；f 90 ℃

始出现大幅波动，表明 80 ℃、90 ℃时制备的转化膜稳定性较差。从图 6-2 和图 6-3 分析可知，在 70 ℃制备的转化膜最为均匀致密，因此耐蚀性较好；但是当转化温度升高到 80 ℃时，转化膜的晶粒不均匀且表面溶解导致稳定性和耐蚀性变差；而在 50 ℃时，转化膜的晶粒间隔较大、转化膜的致密度减小是造成耐蚀性降低的原因。

表 6-2　烧结钕铁硼永磁合金和不同转化温度下制备磷化膜的电化学参数

	E_{corr}/V_{SCE}	I_{corr}/（μA/cm^2）	R_p/（Ω·cm^2）	P_E
基体	−1.079± 0.008	110.0± 16.7	(228.0 ± 24.00) ×10^3	—
50 ℃	−1.049± 0.021	28.35± 3.14	(951.0 ± 91.00) ×10^3	74.23%
60 ℃	−1.063± 0.009	24.09 ± 4.44	(1140 ± 154.0) ×10^3	78.10%
70 ℃	−1.035± 0.003	20.24± 3.42	(1202 ± 132.0) ×10^3	81.60%
80 ℃	−1.049± 0.004	21.62 ± 2.49	(1143 ± 75.00) ×10^3	80.35%
90 ℃	−1.057± 0.010	28.64± 3.26	(927.0 ± 136.0) ×10^3	73.96%

图 6-8 是烧结钕铁硼永磁合金和在不同转化温度制备磷酸盐化学转化膜磁体在质量分数为 3.5% 的 NaCl 溶液中的极化曲线和对应的电化学参数。从图 6-8 和表 6-2 可以看出，有磷酸盐化学转化膜的烧结钕铁硼永磁合金的腐蚀电压和极化电阻均比烧结钕铁硼永磁合金基体高，而腐蚀电流却低于基体。这说明，磷酸盐化学转化膜有较好的防护性能。随着转化温度升高，转化膜的腐蚀电压、极化电阻和防护效率先增大后减小，而腐蚀电流先减小后增大。这表明，转化膜的耐蚀性随着转化温度的升高先提高后降低。当转化温度为 70 ℃时制备磷酸盐化学转化膜的耐蚀性最好，但是总体来讲差别不大。这说明，转化温度对烧结钕铁硼永磁合金的表面磷酸盐化学转化膜耐蚀性影响不大。

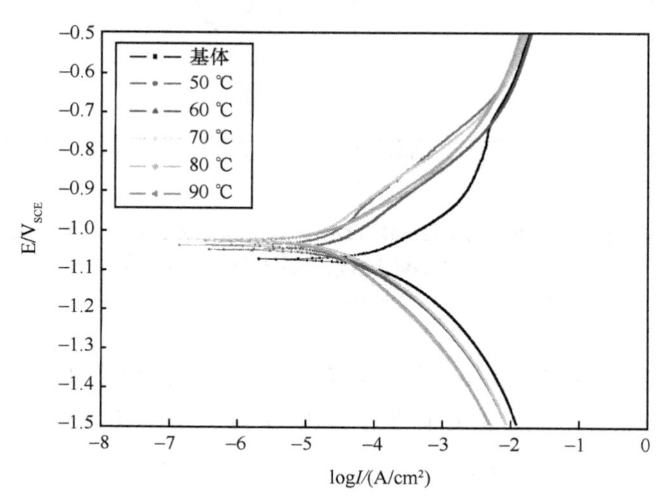

图 6-8　烧结钕铁硼永磁合金和不同温度制备磷化膜磁体在质量分数为 3.5%的氯化钠溶液中的极化曲线

6.4.2　磁性能

表 6-3 和图 6-9 是烧结钕铁硼永磁合金和经不同 pH 转化液处理后样品的磁性能测量结果。

表 6-3　烧结钕铁硼永磁合金和经不同温度磷化处理样品的磁性能

	B_r/kGs	$(BH)_m$/MGsOe	H_{cj}/kOe	H_k/H_{cj}
基体	13. 170 ± 0. 042	41. 610 ± 0. 141	17. 690 ± 0. 478	0. 960 ± 0. 018
50 ℃	13. 140 ± 0. 071	41. 590 ± 0. 218	17. 250 ± 0. 260	0. 940 ± 0. 024
60 ℃	13. 100 ± 0. 107	41. 340 ± 0. 544	17. 630 ± 0. 193	0. 950 ± 0. 032
70 ℃	13. 120 ± 0. 040	41. 580 ± 0. 228	17. 550 ± 0. 361	0. 960 ± 0. 032
80 ℃	13. 120 ± 0. 088	41. 420 ± 0. 507	17. 490 ± 0. 310	0. 940 ± 0. 026
90 ℃	13. 150 ± 0. 024	41. 580 ± 0. 415	17. 430 ± 0. 082	0. 930 ± 0. 027

由表 6-3 和图 6-9 可以看出，磷化处理会导致烧结钕铁硼永磁合金的磁性能出现不同程度的降低。这是因为酸性的转化液会对烧结钕铁硼永磁合金产生一定的腐蚀作用。样品被腐蚀后，密度减小和 $Nd_2Fe_{14}B$ 主晶相损失都会造成磁性能降低。另外，在不同转化温度下进行磷化处理，都会在样品表面生成无磁性的磷酸盐化学转化膜，这是造成烧结钕铁硼永磁合金磁性能降低的另一个原因。从表 6-3 和图 6-9 还可以看出，烧结钕铁硼永磁合金经不同转化温度磷化处理后，其磁性能变化的规律性并不强。但在 70 ℃处理后，磁体的磁性能相对较好。根据耐蚀性的分析结果已知，在 70 ℃时制备转化膜的耐蚀性相对最优。因此，当转化液的 pH 为 1. 00 时，适用于烧结钕铁硼永磁合金制备磷酸盐化学转化膜的转化温度是 70 ℃。

6.4.3　摩擦性能

因磷酸盐化学转化膜具有一定的表面粗糙度，能够防止承受载荷滑动的金属表面发生胶合，还能够吸收一定的机械应力，因此磷化工艺能明显改进工件

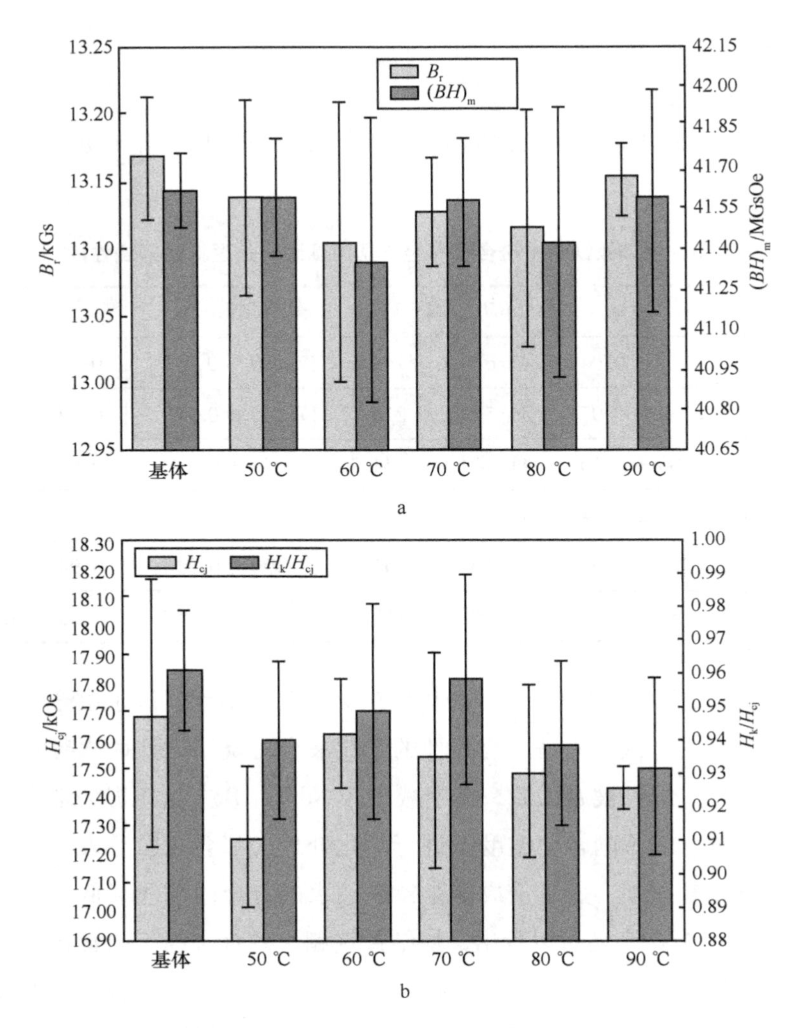

图 6-9　烧结钕铁硼永磁合金和经不同温度磷化处理样品的磁性能

a 剩磁和最大能积；b 内部矫顽力和方形度

的表面摩擦性能，降低其摩擦系数，促进其滑动。磷化膜的减磨性能好坏主要与它的相组成、热稳定性及硬度有关。图 6-10 是当转化液 pH 为 1.00 时，在转化温度为 70 ℃时制备的磷酸盐化学转化膜与烧结钕铁硼永磁合金基体的摩擦曲线对比图。

由图 6-10 可以得出，烧结钕铁硼永磁合金基体的摩擦系数在摩擦试验的前

10 min 急剧增大，并且后期持续存在较大的波动，其最大摩擦系数为 0.325，平均摩擦系数为 0.184。而表面覆盖了磷酸盐化学转化膜烧结钕铁硼永磁合金的摩擦系数较小，在摩擦过程中保持平稳，其最大摩擦系数为 0.171，平均摩擦系数为 0.085。这说明，磷酸盐化学转化膜明显降低了烧结钕铁硼永磁合金的摩擦系数，起到了一定的减磨和润滑作用。

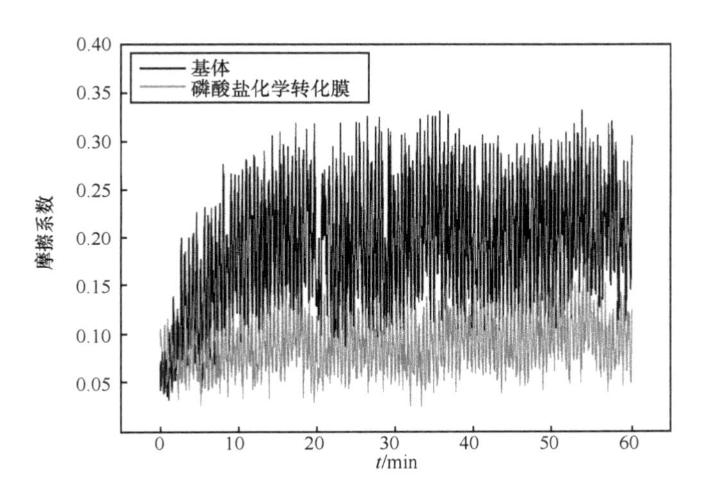

图 6-10　磷化盐化学转化膜与烧结钕铁硼永磁合金基体的摩擦曲线

6.5　磷酸盐化学转化膜的成膜机理分析

因化学转化膜的成膜机理较为复杂，目前尚无统一的理论。参考已逐渐被人们所接受的钢铁磷化机理，我们认为烧结钕铁硼永磁合金表面磷化盐化学转化膜的成膜过程应分为 4 个阶段，即基体的溶解、非晶相的形成和晶化、晶粒的长大和成膜、晶粒的溶解再结晶，如图 6-11 所示（以样品一侧表面为例）。

在磷酸盐化学转化膜的形成过程中，第 1 阶段是烧结钕铁硼永磁合金基体的溶解过程。当磁体浸入到磷化液中时，因各相的电位不同，发生电化学腐蚀，钕、镨、铁等在阳极反应分别生成 Nd^{2+}、Pr^{2+} 和 Fe^{2+}。同时，溶液中的 H^{+} 在阴极放电，生成氢气，导致溶液中 H^{+} 浓度降低，打破了原有的动态平衡。于是，发生磷酸根的多级水解生成 PO_4^{3-}。当 PO_4^{3-} 与溶液中的 Nd^{2+}、Pr^{2+} 等阳离子达到溶度积常数时，就会以非晶相的形式生成沉淀，沉积在基体表面（图 6-11a、

图 6-11b）。随后，磷酸盐化学转化膜从非晶相中成核结晶，这就是成膜过程的第 2 阶段—非晶相的形成和晶化。随着磷化时间的延长，依赖于转化液中磷酸根的不断水解，磷化膜晶粒持续长大，并且会有新的晶核不断形成、长大，大量晶粒的紧密堆积就形成了磷酸盐化学转化膜，即晶粒的长大和成膜阶段（第 3 阶段）。成膜的第 4 阶段主要为晶粒的溶解再结晶。因磷化液的酸度会随着前面转化膜的持续形成和生长而发生改变，造成转化膜晶粒的溶解。另外，溶液中的 H^+ 还会腐蚀转化膜中耐蚀性较差的晶面，导致转化膜的择优生长。因此，新的晶核在磷化膜已形成的晶粒处成核结晶并长大，即晶粒的溶解再结晶过程。

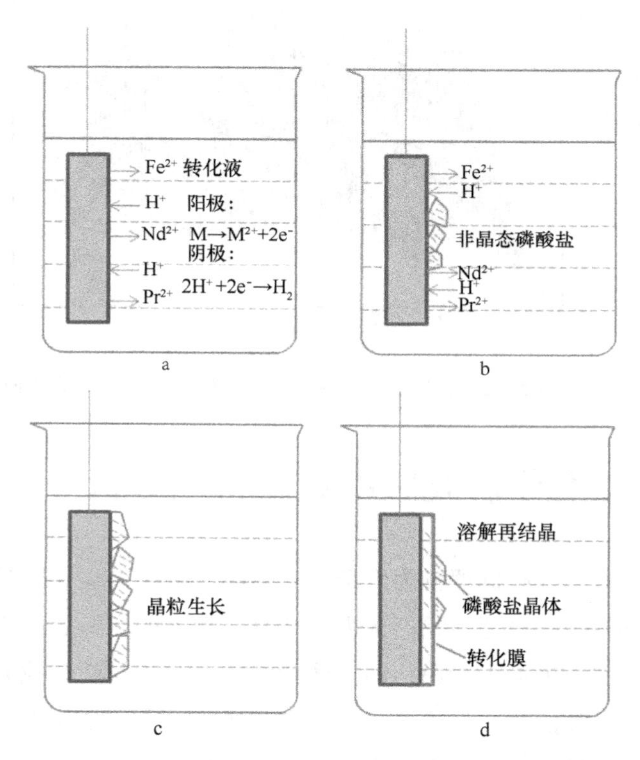

图 6-11 烧结钕铁硼永磁合金表面磷化膜的成膜示意

6.6 本章小结

①当转化液的 pH 为 1.00 时，在 50 ℃、60 ℃、70 ℃、80 ℃和 90 ℃分别进行磷化处理，均能在烧结钕铁硼永磁合金表面生成磷酸盐化学转化膜。转化

膜的膜重随转化温度升高而逐渐增加，但增幅不大。

②在不同温度下制备磷酸盐化学转化膜的晶粒均成块状。50 ℃下制备转化膜的晶粒间隔较大，随着转化温度升高，转化膜逐渐致密。但当温度升高到80℃，转化膜开始出现晶粒大小不均匀的现象，并且由于表面晶粒的溶解和再结晶，转化膜变的较为粗糙。在60℃、70℃制备的转化膜相对来说较为均匀、致密。

③转化膜的主要组成相是钕、镨的磷酸盐，还有极少量铁的磷酸盐。转化温度对烧结钕铁硼永磁合金表面磷酸盐化学转化膜的相组成影响不大。转化膜中的氧元素和磷元素主要分布在晶粒表面，晶界处分布较少；而铁元素主要富集在晶界处；钕元素和镨元素的分布相对比较均匀，但是在晶界处的分布较少。

④在不同温度下制备的磷酸盐化学转化膜均能够有效提高烧结钕铁硼永磁合金的耐蚀性，各个温度下制备转化膜的耐蚀性相差不大。在70 ℃制备的转化膜因较为均匀、致密，所以耐蚀性较好。经过磷化处理后，烧结钕铁硼永磁合金的磁性能呈现不同程度的降低，但磁性能变化的规律性并不强。在70 ℃进行磷化处理磁体的磁性能相对较好。因此，当转化液的 pH 为 1.00 时，适用于烧结钕铁硼永磁合金制备磷酸盐化学转化膜的转化温度是70 ℃。

⑤在烧结钕铁硼永磁合金表面制备磷酸盐化学转化膜能够有效降低其摩擦系数，起到一定的减磨和润滑作用。

第七章 结论和展望

7.1 结　论

本书对 N40HCE 型烧结钕铁硼永磁合金进行了时效工艺优化，研究了时效处理对磁体的磁学性能、力学性能和耐蚀性能影响，探讨了烧结钕铁硼永磁合金在不同酸溶液中的腐蚀机理以及转化液的 pH 和转化温度对其表面磷酸盐化学转化膜的组织结构和性能影响，所得主要结论如下。

①通过低温时效和高温时效的工艺优化试验，得到适用于 N40HCE 型烧结钕铁硼永磁合金的最佳时效工艺参数：850 ℃×2 h + 530 ℃ × 2 h。经优化时效工艺处理后，磁体的内禀矫顽力从 13.01 kOe 提高到 17.05 kOe，而剩磁基本不变。时效处理后，烧结钕铁硼永磁合金中主晶相所占比例增加，且晶界富钕相由烧结态时呈块状分布于 $Nd_2Fe_{14}B$ 主晶相晶粒交隅处转变为时效态时呈薄层状沿 $Nd_2Fe_{14}B$ 主晶相晶粒边界分布。主晶相所占比例增加和晶界富钕相的形态分布变化是烧结钕铁硼永磁合金内禀矫顽力明显提高的主要原因。

②研究时效处理对烧结钕铁硼永磁合金的力学性能和耐蚀性能影响结果表明，时效处理导致磁体的抗拉强度和抗压强度降低，而脆性增加。这主要是因为晶界富钕相由烧结态的块状转变成时效态的薄层状，导致主晶相 $Nd_2Fe_{14}B$ 晶粒之间的滑动阻力降低，晶界强度弱化。时效处理会降低磁体的耐蚀性，这是因为时效处理所形成的薄层状晶界富钕相与主晶相 $Nd_2Fe_{14}B$ 之间的电极电位差较大，并构成快速腐蚀的网络通道，从而加快了腐蚀的速率。

③采用声发射检测技术结合维氏硬度压痕法对烧结钕铁硼永磁合金进行脆性定量检测的结果表明，测量所得的声发射能量累积计数（E_n）与维氏硬度压痕负荷（P）之间和维氏硬度压痕表观裂纹总长度（L）与维氏硬度压痕负荷（P）之间均呈线性关系，因此可以采用 E_n-P 直线的斜率 K 值作为表征烧结钕铁硼永磁合金脆性的定量指标。烧结态钕铁硼永磁合金的 K 值是 2.28，较时效态的 K 值 2.82 低，表明烧结态磁体的脆性低于时效态。根据压痕负荷（P）和压痕表观裂纹扩展长度（L）计算得出烧结钕铁硼永磁合金的断裂韧性 K_{IC} 数值与采用声发射检测技术结合维氏硬度压痕法测量得出 E_n-P 关系的分析结果基本一致。

④研究烧结钕铁硼永磁合金在盐酸溶液、硝酸溶液和磷酸溶液中的腐蚀行为发现，当氢离子浓度近似时，磁体在盐酸溶液中的腐蚀速率最大，在磷酸溶液中的腐蚀速率最小。在盐酸溶液和硝酸溶液中腐蚀时均能有效去除烧结钕铁硼永磁合金表面的氧化层。其中，盐酸溶液对晶界富钕相的腐蚀更明显，并会在腐蚀过程中渗入磁体的孔隙，造成磁体近表面的进一步腐蚀；而硝酸溶液主要表现为对磁体 $Nd_2Fe_{14}B$ 主晶相的腐蚀，对晶界富钕相的影响不大。磷酸溶液会在烧结钕铁硼永磁合金表面形成一层块状磷酸盐产物，因而不能有效去除磁体表面的氧化层。由于硝酸溶液腐蚀对磁体的磁性能综合影响最小，因此硝酸溶液更适宜作为制备烧结钕铁硼永磁合金防护镀层前预先酸洗处理的酸洗液。

⑤在 pH 小于 2.00 的转化液中进行磷化处理能够在烧结钕铁硼永磁合金表面生成磷酸盐化学转化膜。当转化液的 pH 升高到 2.00 时，几乎无转化膜生成。当 pH 升高到 2.50 时，转化液中的成膜离子会在磁体表面形成柱状析出物。转化膜的膜重随转化液 pH 升高而逐渐减小。转化膜主要由镨的磷酸盐、钕的磷酸盐和少量铁的磷酸盐组成。随转化液 pH 升高，磷酸钕和磷酸镨的含量不断减少，而磷酸铁的含量不断增加。在 pH 为 1.00、1.36 和 1.50 的转化液中制备转化膜的耐蚀性最好，而在 pH 为 0.52 的转化液中制备转化膜的耐蚀性最差。经过磷化处理后，烧结钕铁硼永磁合金的磁性能呈现降低的趋势。当转化液的 pH 为 0.52 时，磁性能下降最为明显，而在其他条件下磁性能降低的幅度不大。因此，适用于烧结钕铁硼永磁合金的磷酸盐化学转化液的 pH 范围为 1.00～1.50。

⑥当转化液的 pH 为 1.00 时，在 50 ℃、60 ℃、70 ℃、80 ℃和 90 ℃进行

磷化处理均能够在烧结钕铁硼永磁合金表面生成磷酸盐化学转化膜。转化膜的膜重随着转化温度升高而逐渐增加，但增度不大。在不同温度下制备磷酸盐化学转化膜均呈块状分布在烧结钕铁硼永磁合金表面。在不同温度下制备的磷酸盐化学转化膜均能够有效提高烧结钕铁硼永磁合金的耐蚀性，但各个温度制备转化膜的耐蚀性相差不大。在 70 ℃时制备转化膜的耐蚀性相对较好，而且对烧结钕铁硼永磁合金磁性能的影响相对较小。当转化液的 pH 为 1.00 时，适用于烧结钕铁硼永磁合金制备磷酸盐化学转化膜的转化温度是 70 ℃。

7.2 展　望

①烧结钕铁硼永磁合金经优化时效工艺处理后明显提高其内禀矫顽力，但其力学性能和耐蚀性均有下降，因此应进一步探讨在提高磁体的磁性同时，还可以保持其力学性能和耐蚀性稳定的新时效工艺。

②本书对烧结钕铁硼永磁合金在盐酸溶液、硝酸溶液和磷酸溶液中的腐蚀行为进行了研究，得出硝酸溶液是制备烧结钕铁硼永磁合金防护镀层前预处理的适宜酸洗液。但研究局限在无机酸中，还应对烧结钕铁硼永磁合金在草酸溶液、醋酸溶液等有机酸溶液中的腐蚀行为进行研究，以扩大烧结钕铁硼永磁合金表面防护镀层预处理的酸洗液选择范围。

③本书研究了转化液的 pH 和转化温度对烧结钕铁硼永磁合金表面磷酸盐化学转化膜组织结构和性能的影响，得到了优化的工艺参数。但是对转化液的转化时间和促进剂等因素的影响尚未研究，应继续开展相关研究，以便获得更为完善的烧结钕铁硼永磁合金表面制备磷酸盐化学转化膜工艺。

参考文献

[1] SAGAWA M, FUJIMURA S, TOGAWA N, et al. New material for permanent magnets on a base of Nd and Fe (invited)[J]. Journal of applied physics, 1984,55(6): 2083-2087.

[2] SAGAWA M, HIROSAWA S, YAMAMOTO H, et al. Nd-Fe-B permanent magnet materials [J]. Journal of applied physics, 1987,26(6): 785-800.

[3] 周寿增，董清飞，高学绪. 烧结钕铁硼稀土永磁材料与技术[M]. 北京：冶金工艺出版社，2011.

[4] SIDE L. Development of China NdFeB industry in recent years[J]. China rare earth information, 2011,17 (9): 1-4.

[5] 周寿增，董清飞. 超强永磁体:稀土铁系永磁材料[M]. 北京：冶金工业出版社，1999.

[6] SAGAWA M, FUJIMURA S, YAMAMOTO H, et al. Permanent magnet materials based on the rare earth-iron-boron tetragonal compounds[J]. IEEE transactions on magnetic, 1984, 20 (5): 1584-1589.

[7] CORFIELD M R, WILLIAMS A. J, HARRIS I R. The effects of long term annealing at 1000 ℃ for 24 h on the microstructure and magnetic properties of Pr-Fe-B/Nd-Fe-B magnets based on $Nd_{16}Fe_{76}B_8$ and $Pr_{16}Fe_{76}B_8$[J]. Journal of alloys and compounds, 2000,296 (1): 138-147.

[8] FIDLER J. On the role of the ND-rich phases in sintered Nd-Fe-B magnets[J]. IEEE transactions on magnetics, 1987, 23 (5): 2106-2108.

[9] FIDLER J, KNOCH K. G. Electron microscopy of Nd-Fe-B based magnets[J]. Journal of magnetism and mgnetic materials, 1989,80 (1): 48-56.

[10] 倪俊杰. 高抗蚀性烧结钕铁硼制备与性能研究[D]. 杭州：浙江大学，2011.

[11] JAN F, JOHN J, FREDERICK E. Relationships between crystal structure and magnetic properties in $Nd_2Fe_{14}B$[J]. Physical review B, 1984,29(7): 1-4.

[12] HIROSAWA S, MATSUURA Y, YAMAMOTO H, et al. Magnetization and magnetic anisot-

ropy of $R_2Fe_{14}B$ measured on single crystals[J]. Journal of applied physics, 1986,59(3): 873-879.

[13] FIDLER J. Analytical microscope studies of sintered Nd-Fe-B magnets [J]. IEEE transactions on magnetics, 1985, 21 (5): 1955-1957.

[14] VIAL F, JOLY F, NEVALAINEN E, et al. Improvement of coercivity of sintered Nd-Fe-B permanent magnets by heat treatment[J]. Journal of magnetism and magnetic materials, 2002 (242-245): 1329-1334.

[15] OONO N, SAGAWA M, KASADA R, et al. Production of thick high-performance sintered neodymium magnets by grain boundary diffusion treatment with dysprosium-nickel-aluminum alloy[J]. Journal of magnetism and magnetic materials, 2011, 323(3): 297-300.

[16] SEPEHRI-AMIN H, OHKUBO T, NISHIUCHI T, et al. Coercivity enhancement of hydrogenation-disproportionation-desorption-recombination processed Nd-Fe-B powders by the diffusion of Nd-Cu eutectic alloys[J]. Scripta materialia, 2010, 63(11): 1124-1127.

[17] SHINBA Y, KONNO T J, ISHIKAWA K, K. Transmission electron microscopy study on Nd-rich phase and grain boundary structure of Nd-Fe-B sintered magnets[J]. Journal of applied physics, 2005(97): 53504.

[18] TANG W Z, ZHOU S Z, WANG R, et al. An investigation of the Nd-rich phases in the Nd-Fe-B system[J]. Journal of Applied physics, 1988,64(10): 5516-5518.

[19] RAMESH R, CHEN J K, THOMAS G On the grain-boundary phase in iron rare-earth boron magnets[J]. Journal of Applied Physics, 1987,61(8): 2993-2998.

[20] 王占勇，谷南驹，王宝奇，等. 影响烧结 Nd-Fe-B 磁体退磁曲线方形度的因素[J]. 磁性材料及器件, 2003,34(1):7-11.

[21] 刘湘涟，阳娣莎，孙允成，等. Nd-Fe-B 磁体退磁曲线方形度与烧结过程的关系[J]. 磁性材料及器件, 2007,38(1):46-50.

[22] MA B M, KRAUSE R. F. Microstructure and magnetic properties of sintered Nd-Dy-Fe-B magnets[J]. Journal of rare earths, 1987(141): 57-60.

[23] ENDOH M, TOKUNAGA M. Nd-Fe-B based sintered magnets with low temperature coefficients[C]. Proc. 10th Int. workshop on rare earth magnets and their application. Tokyo: Japan, 1986.

[24] TANG W Z, ZHOU S Z, WANG R. Preparation and microstructure of La-containing R-Fe-B permanent magnets[J]. Journal of applied physics, 1989,65(8): 3142-3145.

[25] ZHANG M C, MA D G, HU Q, et al. A study on new substituted Nd-Fe-B magnets in new

frontiers in rare earth science and application[C]. Beijing :Science Press, 1985.

[26] HIROSAW S, YAMAGUCHI Y, TOKUHARA K, et al. Magnetic properties of $Nd_2(Fe_{1-x}M_x)B$ measured on single crystals (M=Al, Cr, Mn and Co)[J]. IEEE transactions on magnetics, 1987, 23(5): 2120-2122.

[27] ENDOH M, TOKUNAGA M, HARADA H. Magnetic properties and thermal stabilities of Ga substituted Nd-Fe-Co-B magnets [J]. IEEE transactions on magnetics, 1987, 23 (5): 2290-2292.

[28] TOKUNAGA M, KOGURE H, ENDOH M,et al. Improvement of thermal stability of Nd-Dy-Fe-Co-B sintered magnets by addition of Al, Nb and Ga [J]. IEEE transactions on magnetics, 1987, 23(5): 2287-2289.

[29] 李安华, 董生智, 李卫. 稀土永磁材料的力学性能[J]. 金属功能材料, 2002,9 (4): 7-10.

[30] 王奇凡. 深冷处理对烧结钕铁硼的改性研究[D]. 太原:太原科技大学, 2010.

[31] 闫兆杰, 于旭光. 烧结钕铁硼的力学性能研究现状[J]. 河北冶金, 2007,158 (2): 3-5.

[32] 胡志华. 烧结 Nd-Fe-B 磁体的磁性能、温度稳定性以及冲击韧性研究[D]. 沈阳:东北大学, 2008.

[33] HU Z H, ZHU M G, LI W, LIAN F Z. Effects of Nb on the coercivity and impact toughness of sintered Nd-Fe-B magnets[J]. Journal of Magnetism and Magnetic Materials, 2008(320): 96-99.

[34] 蒋建华, 曾振鹏. 合金元素对烧结 NdFeB 永磁材料断裂强度的影响[J]. 稀有金属材料与工程, 1999,28(3):144-147.

[35] 李安华, 李卫, 董生智, 等. 微量添加晶界合金对烧结 Nd-Fe-B 力学性能及微观结构的影响[J]. 稀有金属, 2003,27(5):531-534.

[36] 王恩生. 钕铁硼化学转化膜防腐蚀技术[J]. 电镀与精饰, 2013,35(12):13-17.

[37] 张静贤, 张同俊, 崔琨. Nd-Fe-B 永磁材料腐蚀机理与防护[J]. 材料开发与应用, 2001,16(4):38-41.

[38] 宋振纶. Nd-Fe-B 永磁材料腐蚀与防护研究进展[J]. 磁性材料及器件, 2012,43 (4):1-6.

[39] 严芬英, 赵春英, 张琳. 钕铁硼永磁材料表面防护技术的研究进展[J]. 电镀与精饰, 2012,34(8):22-25.

[40] LI Y, EVANS H E, Harris I R,et al. The oxidation of Nd-Fe-B magnets[J]. Oxidation of

metals, 2003,59(1-2): 167-182.

[41] WILLMAN C J, NARASIMHANK S V L. Corrosion characteristics of RE-Fe-B permanent magnets[J]. Journal of applied physics, 1987,61(8): 3766-3768.

[42] SCHULTZ L, EL-AZIZ A M G, BARKLEIT K. Mummert. corrosion behaviour of Nd-Fe-B permanent magnetic alloys[J]. Materials science and engineering A, 1999(267): 307-313.

[43] 应华根.钕铁硼烧结磁体的化学镀表面防护处理研究[D].北京: 浙江大学, 2007.

[44] 杨岚.钕铁硼永磁体化学镀工艺研究[D].南京: 南京理工大学, 2006.

[45] 托马晓夫,契尔诺娃. 腐蚀与耐蚀合金[M]. 北京: 化学工业出版社, 1985.

[46] 涂少军. 晶界改性制备高耐蚀性烧结钕铁硼磁体[D].杭州:浙江大学, 2009.

[47] EL-AZIZ A M. Corrosion resistance of Nd-Fe-B permanent magnetic alloys part1: role of alloying elements[J]. Materials and corrosion, 2003(54): 88-92.

[48] YU L Q, WEN Y H, YAN M. Effects of Dy and Nb on the magnetic properties and corrosion resistance of sintered Nd-Fe-B[J]. Journal of magnetism and magnetic materials, 2004(283): 353-356.

[49] FERNENGEL W, RODEWALD W, BLANK R, et al. The influence of Co on the corrosion resistance of sintered Nd-Fe-B magnets[J]. Journal of Magnetism and Magnetic Materials, 1999(196-197): 288-290.

[50] CUI X G, YAN M, MA T Y, et al. Effects of Cu nano powders addition on magnetic properties and corrosion resistance of sintered Nd-Fe-B magnets [J]. Physica B, 2008(403): 4182-4185.

[51] 张宏超. 永磁材料晶界改性与磁性能、耐腐蚀性能研究[D].太原:太原科技大学, 2014.

[52] CUI X. G, YAN M, MA T Y, et al Effect of SiO_2 nanopowders on magnetic properties and corrosion resistance of sintered Nd-Fe-B magnets[J]. Journal of magnetism and magnetic materials, 2009(321): 392-395.

[53] SUN X K, ZHOU G F, CHUANG Y C, et al. Microstructure and coercivity of (Nd, Dy)-(Fe, Co)-B sintered permanent magnets containing a small addition of niobium and silicon [J]. Journal of magnetism & magnetic materials, 1991, 96(1-3):197-205.

[54] YAN G L, WILLIAMS A, Farr J J P G, et al. The effect of density on the corrosion of Nd-Fe-B magnets[J]. Journal of alloys and compounds, 1999(292):266-274.

[55] 崔熙贵. 烧结 Nd-Fe-B 永磁材料显微结构优化与性能研究[D].杭州:浙江大学, 2009.

[56] 周丽娟. 含 Ce 低成本烧结钕铁硼的腐蚀行为研究[D].沈阳: 东北大学, 2014.

[57] MAN H H, MAN H C, LEUNG L K. Corrosion protection of Nd-Fe-B magnets by surface coatings-part 1: salt spray test[J]. Journal of magnetism and magnetic materials, 1996(152): 40-46.

[58] MAN H H, MAN H C, LEUNG L K. Corrosion protection of NdFeB magnets by surface coatings-part 2: electrochemical behaviour in various solutions[J]. Journal of magnetism and magnetic materials, 1996(152): 47-53.

[59] ZHANG H, SONG Y W, SONG Z. L. Electrodeposited nickel/alumina composite coating on Nd-Fe-B permanent magnets[J]. Materials and corrosion, 2008, 59(4): 324-328.

[60] 应华根，罗伟，严密. 烧结 NdFeB 磁体表面化学镀 Ni-Cu-P 合金及防腐性能[J]. 北京科技大学学报，2007,29(2): 162-166.

[61] 吴磊，应华根，吴进明，等. NdFeB 磁体表面化学镀 Ni-Co-P 合金及其耐腐蚀性能研究[J]. 材料工程，2006(增刊 1): 202-206.

[62] 吴磊，严密，应华根，等. NdFeB 磁体表面化学镀 Ni-P 合金防腐研究[J]. 稀有金属材料与工程，2007,36(8): 1398-1402.

[63] ALI A, AHMAD A, DEEN K M. Impeding corrosion of sintered NdFeB magnets with titanium nitride coating[J]. Materials and corrosion, 2010, 61(2): 130-135.

[64] ALI A, AHMAD A. Corrosion protection of sintered Nd-Fe-B magnets by CAPVD Ti_2N coating[J]. Materials and corrosion, 2009, 60(5): 372-375.

[65] 任广军，王颖，陈素明. 烧结型钕铁硼电镀镍工艺[J]. 材料保护，2002, 35(3): 41-43.

[66] 曾祥德. 烧结型 NdFeB 永磁体的电镀工艺[J]. 电镀与精饰，2001, 23(4): 23-25.

[67] SHACHAM-DIAMAND Y, OSAKA T, OKINAKA Y, et al. Dubin. 30 years of electroless plating for semiconductor and polymer micro-systems[J]. Microelectronic engineering, 2000(133-134): 517-521.

[68] DONALD M. MATTOX. Ion plating-past, present and future[J]. Surface and coatings technology, 2015, (132): 35-45.

[69] 金子裕治. NEOMAX50 烧结钕铁硼表面处理技术[J]. Eng. mater., 1998, 46(12): 27-32.

[70] 王菊平. 烧结型钕铁硼永磁材料表面改性技术研究[D]. 成都:西南大学，2008.

[71] 胡国辉，郝庆义，李晓卫. 金属磷化工艺技术[M]. 北京：国防工业出版社，2009.

[72] 杨小奎. 烧结型 NdFeB 永磁体表面功能性膜层的制备及性能研究[D]. 成都：西南大学，2010.

[73] CHEN Z, YI Z, CHEN X F. Multi-layered electroless Ni-P coatings on powder-sintered Nd-Fe-B permanent magnet [J]. Journal of magnetism and magnetic materials, 2006 (302):216-222.

[74] 过家驹. Nd-Fe-B 合金的腐蚀及防蚀表面处理[J]. 金属热处理, 1999(2): 32-33.

[75] 李鑫庆, 陈迪勤, 余静琴. 化学转化膜技术与应用[M]. 北京: 机械工业出版社, 2005.

[76] SANKARA NARAYANAN T S N. Surface pretreatment by phosphate conversion coatings-are-view[J]. Reviews on advanced materials science, 2005(9):130-177.

[77] 张娴. 不锈钢表面磷酸锌化学转化膜的制备与表征[D]. 济南: 山东大学, 2014.

[78] 董首山. 化学转化膜:第三讲 铬酸盐处理[J]. 腐蚀科学与防护技术, 1990,2(1): 47-49.

[79] FUMIHIRO S, YOSHIHIKO A, TAKENORI N. Corrosion behavior of magnesium alloys with different surface treatments [J]. Journal of Japan institute of lght metals, 1992, 42(12): 752- 758.

[80] CAMPESTRINI P, VAN WESTING E P M, DE WI J H. Influence of surface preparation on performance of chromate conversion coatings on alclad 2024 aluminium alloy part I: nucleation and growth[J]. Electrochimica Acta, 2001 (46): 2553-2571.

[81] CAMPESTRINI P, VAN WESTING E P M, DE WI J H. Influence of surface preparation on performance of chromate conversion coatings on alclad 2024 aluminium alloy part II: EIS investigation[J]. Electrochimica acta, 2001 (46): 2631-2647.

[82] Shi H W, HUA E H, LIU F C, et al. Protection of 2024-T3 aluminium alloy by corrosion resistant phytic acid conversion coating[J]. Applied surface science, 2013(280): 325-331.

[83] CHILD T F, VAN OOIJ W J. Application of silane technology to prevent corrosion of metals and improve paint adhesion[J]. Transactions of the institute of metal finishing, 1999, 77(2): 64-70.

[84] SUNDARARAJAN G P, VAN OOIJ W J. Silane based pretreatments for automotive steels [J]. Surface engineering, 2000, 16(4): 315-320.

[85] Hinton B R W, ARNOTT D R, RYAN N E. Inhibition of aluminum alloy corrosion by cerous cation[J]. Metals forum, 1984, 7(4): 211-217.

[86] HINTON B , ARNOTT R, RYAN N E. Cerium conversion coatings for the corrosion protection of aluminum[J]. Materials forum, 1986, 9(3): 162-173.

[87] 孙永聪. LY12 铝合金表面稀土铈化学转化膜的制备及性能研究[D]. 沈阳: 东北大学, 2010.

[88] XUE X B, WANG C, CHEN R Y, et al. Structure and properties characterization of ceramic coatings produced on Ti-6Al-4V alloy by microarc oxidation in aluminate solution[J]. Materials letters, 2002(52): 435-441.

[89] 王建华. 铝合金表面蓝色微弧氧化膜的制备工艺及组织结构[D]. 济南: 山东大学, 2013.

[90] GHALI E L, POTVIN R. J A. The mechanism of phosphating of steel[J]. Corrosion science, 1972, 12(7): 583-594.

[91] 吴纯素. 化学转化膜[M]. 北京: 化学工业出版社, 1988.

[92] 唐春华. 金属表面磷化技术[M]. 北京: 化学工业出版社, 2011.

[93] SINHA P K, FESER R. Phosphate coating on steel surfaces by an electrochemical method [J]. Surface and coatings technology, 2002(161):158-168.

[94] BOGI J, MACMILLAN R. Phosphate conversion coatings on steel[J]. Journal of materials science, 1977, 12(11): 2235-2240.

[95] ZHANG X, XIAO G Y, JIAO Y, et al. Facile preparation of hopeite coating on stainless steel by chemical conversion method [J]. Surface and coatings technology, 2014 (240):361-364.

[96] 李红玲, 孟志芬, 韩延安, 等. 6061 铝合金无铬磷酸盐稀土转化膜的腐蚀性研究[J]. 涂料工业, 2012, 42(8): 69-72.

[97] GOEMINNE G, TERRYN H, VEREECKEN J. EIS study of the influence of aluminium etching on the growth of chromium phosphate conversion layers[J]. Electrochimica acta, 1998, 43(12): 1829-1838.

[98] LI G Y, LIAN J S, NIU L Y, et al. Influence of pH of phosphating bath on the zinc phosphate coating on AZ91D magnesium alloy[J]. Advanced engineering materials, 2006, 8(1-2): 123-127.

[99] KOUISNI L, AZZI M, ZERTOUBI M, et al. Phosphate coatings on magnesium alloy AM60 part 1: study of the formation and the growth of zinc phosphate films [J]. Surface and coatings technology, 2004(185): 58-67.

[100] KOUISNI L, AZZI M, DALARD F, et al. Phosphate coatings on magnesium alloy AM60 part2: electrochemical behaviour in borate buffer solution[J]. Surface and coatings technology, 2005(192): 239-246.

[101] ZHAO X C, XIAO G Y, ZHANG X, et al. Ultrasonic induced rapid formation and crystal refinement of chemical conversed hopeite coating on titanium[J]. The journal of physical

chemistry C, 2014(118): 1910-1918.

[102] COSTA I, SAYEG I J, FARIA R N. The corrosion protection of RE-Iron-Boron magnets by a phosphate treatment[J]. IEEE transactions on magnetics, 1997, 33(5): 3907-3909.

[103] SALIBA-SILVA A, FARIA R N, BAKER M A, et al. Improving the corrosion resistance of NdFeB magnets: an electrochemical and surface analytical study[J]. Surface and coatingstechnology, 2004(185): 321-328.

[104] SALIBA-SILVA A M, OLIVEIRA M C L, COSTA I. Effect of molybdate on phosphating of Nd-Fe-B magnets for corrosion protection[J]. Materials research, 2005, 8(2): 147-150.

[105] TAMBORIM S TAKEUCHI M, AZAMBUJA D S, et al. Corrosion protection of NdFeB magnets by phosphating with tungstate incorporation[J]. Surface and coatings technology, 2006 (200): 6826-6831.

[106] TAMBORIM S M TAKEUCHI D S, COSTA I . Cerium conversion layer for improving the corrosion resistance of phosphated Nd-Fe-B magnets[J]. Surface and coatings technology, 2006(201): 3670-3675.

[107] 王春明，林伟，赵鹏亮. 钕铁硼磁性材料磷化过程电位影响因素研究[J]. 材料保护，2005,38(2): 20-23.

[108] 李青，王菊平，张亮，等. 6061 烧结型 NdFeB 永磁材料表面磷化膜的制备及耐蚀性能研究[J]. 中国稀土学报，2008,26(3): 339-344.

[109] BALA H, TREPAK N M, SZYMURA S, et al. Corrosion protection of Nd-Fe-B type permanent magnets by zinc phosphate surface conversion coatings[J]. Intermetallics, 2001(9): 515-519.

[110] 赵复兴，胡如南，张凌云，等. Nd-Fe-B 永磁体阴极电泳前磷化工艺研究[J]. 新技术工艺，1996(1): 43-44.

[111] 赵春英，文松林，王国峰，等. NdFeB 常温磷化和阴极电泳涂装工艺的研究[J]. 电镀与精饰，2011,33(2): 15-18.

[112] 王建平. 实用磷化及相关技术[M]. 北京：机械工业出版社，2009.

[113] 何德良，王名浩，崔正丹，等. 高耐蚀性锌锰系磷化液的研究及磷化膜电化学分析[J]. 湖南大学学报(自然科学版)，2009,36(4): 65-69.

[114] 王垚，高飞. 锌系磷化膜对钕铁硼/Ni-P 镀层结合力的影响[J]. 热加工工艺，2012，41(2): 157-160.

[115] 胡国辉，郝庆义，李晓卫. 金属磷化工艺技术[M]. 北京：国防工业出版社，2009.

[116] 谭春林，白书欣，张虹，等. 回火处理对烧结钕铁硼永磁材料组织和磁性能的影响

[J]. 中国有色金属学报, 2002, 12(1): 64-66.

[117] 唐杰. 制备工艺对高矫顽力烧结钕铁硼永磁材料的影响[D]: 成都:四川大学, 2006.

[118] 国家质量监督检疫总局. 金属材料 弯曲验方法:GB/T 232—2010[S]. 北京:中国标准出版社.

[119] 国家质量监督检疫总局. 烧结金属摩擦材料抗压强度的测定:GB/T 10424—2002[S]. 北京:中国标准出版社.

[120] WANG Z J, WU L N, CAI W, et al. Effects of fluoride on the structure and properties of microarc oxidation coating on aluminium alloy[J]. Journal of alloys and compounds, 2010' 9(505): 188-193.

[121] FOULADI M, AMADEH A. Effect of phosphating time and temperature on microstructure and corrosion behavior of magnesium phosphate coating[J]. Electrochimica acta, 2013 (106): 1-12.

[122] 国家质量技术监督局. 金属材料上的转化膜 单位面积膜质量的测定 重量法: GB/T 9792—2003[S]. 北京:中国标准出版社.

[123] 杨班权, 陈光南, 张坤, 等. 涂层/基体材料界面结合强度测量方法的现状与展望[J]. 力学进展, 2007, 37(1): 67-79.

[124] 赵性川. 外场作用对钛表面磷酸锌转化膜形成及结构和性能的影响[D]. 济南: 山东大学, 2014.

[125] ZHANG X, XIAO G Y, LIU B, et al. Influence of processing time on the phase, microstructure and electrochemical properties of hopeite coating on stainless steel by chemical conversion method[J]. New journal of chemistry, 2015(39): 5813-5822.

[126] 孙维连, 李颖, 赵亚玲, 等. 磁控溅射温度与时间对 ZrN 薄膜附着力的影响[J]. 材料热处理学报, 2012, 33(5): 121-124.

[127] 国家质量技术监督局. 色漆和清漆 漆膜的划格试验:GB/T 9286—1998[S]. 北京:中国标准出版社.

[128] MENUSHENKOV V P, SAVCHENKO A G. Effects of post-sintering annealing on magnetic properties of Nd-Fe-B sintered magnets[J]. Journal of magnetism and magnetic materials, 2003(258-259): 558-560.

[129] 周圣银, 周廉, 陈绍楷, 等. 热处理对烧结 NdFeB 磁体微观结构和磁性能的影响[J]. 稀有金属材料与工程, 2006, 35(6): 1006-1008.

[130] YAN M, YU L Q, LUO W, et al. Change of microstructure and magnetic properties of sintered Nd-Fe-B induced by annealing[J]. Journal of magnetism and magnetic materials,

2006(301):1-5.

[131] LIANG L, WU M Y, Liu L H, et al. Sensitivity of coercivity and squareness factor of a Nd-Fe-B sintered magnet on post-sintering annealing temperature[J]. Journal of rare earths, 2015, 33(5):507-513.

[132] 王伟,罗伟,文玉华,等. 二级回火对(NdDy)FeCoCuB 磁体磁性能和微结构的影响[J]. 稀有金属材料与工程, 2005, 34(10):1633-1636.

[133] 吴树杰,包小倩,向丹丽,等. (Nd,Pr,Ce)-Fe-B 磁体的组织与磁学性能[J]. 北京科技大学学报, 2013, 35(6):777-784.

[134] 周寿增,董清飞,高学绪. 烧结钕铁硼稀土永磁材料与技术[M]. 北京:冶金工业出版社, 2011.

[135] 何叶青. 高性能烧结 Nd-Fe-B 合金的成分、铸锭组织、磁场取向与磁性能关系的研究[D]. 北京:北京科技大学, 2000.

[136] 刘湘涟. 回火处理对添加 Dy_2O_3 的烧结钕铁硼磁体结构与磁性能的影响[J]. 热加工工艺, 2012, 41(16):168-171.

[137] 李建奇. 耐高温烧结钕铁硼磁体的制备及性能研究[D]. 广州:华南理工大学, 2012.

[138] 孙宝玉. 磁控溅射镀膜与真空退火改善烧结型钕铁硼性能的研究[D]. 沈阳:东北大学, 2011.

[139] 孟凡伟. 添加钆及钇的钕铁硼永磁材料制备工艺研究[D]. 赣州:江西理工大学, 2009.

[140] 周寿增,唐伟忠,王润. 烧结 NdFeB 永磁合金的边界显微结构与磁硬化[J]. 金属学报, 1990, 26(4):290-294.

[141] 赵利娜,王晓丽,司聪慧,等. 烧结含镝钕铁硼永磁体时效后的微观组织分析[J]. 热处理技术与装备, 20134, 35(2):23-26.

[142] DING X, WANG X L, Si C H, et al. Study on the relativity between intrinsic coercivity and microstructure of the Nd-Fe-B magnet treated by the optimized aging process[J]. Advanced materials research, 2014(1002):73-76.

[143] Y. H. Liu, S. Guo, R. J. Chen, D. Lee, A. R. Yan. Effect of heat treatment on microstructure and thermal stability of Nd-Fe-B sintered magnets[J]. IEEE transactions on magnetics, 2011, 47(10):3270-3272.

[144] WANG X L, ZHAO L N, Si C H, et al. Effect of aging treatment on the microstructures and the magnetic properties of the sintered Nd-Fe-B Magnet[J]. Advanced materials research, 2014(886):66-70.

[145] 束德林. 工程材料力学性能[M]. 北京: 机械工业出版社, 2007.

[146] 毛亚男, 韩亚苓, 王辰, 等. 压痕法测量 ZrO_2/Al_2O_3 陶瓷断裂韧性的研究[J]. 硅酸盐通报, 2015, 34(9): 2639-2644.

[147] 丘泰. 用压痕法测定几种高温结构陶瓷 K_{IC} 值的研究[J]. 硅酸盐通报, 1990(3): 44-50.

[148] 刘伯威, 樊毅, 张金生, 等. $MoSi_2$ 复合材料断裂韧性的测量及评价[J]. 中国有色金属学报, 2001, 11(5): 810-814.

[149] 张光磊, 李彦芳, 钟涛兴, 等. 压痕法在测量长石瓷断裂韧性中的应用[J]. 中国材料科技与设备, 2008(2): 83-84.

[150] 王宗英, 李力, I. L. Ekberg. 现代陶瓷氮化硅断裂韧性强度测量计算:直接压痕法[J]. 沈阳建筑工程学院学报, 1991, 7(4): 403-409.

[151] 曾振鹏. 烧结 NdFeB 永磁材料的断裂研究[J]. 稀有金属材料与工程, 1996, 25(3): 18-21.

[152] 李安华, 董生智, 李卫. 烧结 Nd-Fe-B 永磁材料的力学性能及断裂行为的各向异性[J]. 稀有金属材料与工程, 2003, 32(8): 631-634.

[153] 张瓦利, 敖琪, 刘薇, 等. 烧结 NdFeB 永磁材料的沿晶断裂分析[J]. 理化检验:物理分册, 2005, 41(7): 329-332.

[154] RABINOVICH Y M, SERGEEV V V, Maystrenko A D, et al. Physical and mechanical properties of sintered Nd-Fe-B type permanent magnets[J]. Intermetallics, 1996, 4(4): 641-645.

[155] 刘智恩. 材料科学基础[M]. 西安:西北工业大学出版社,2007.

[156] Liu W, Wu J S. Mechanical properties and fracture mechanism study of sintered Nd-Fe-B alloy[J]. Journal of alloys and compounds, 2008, 458(1-2): 292-296.

[157] 任升峰. 烧结 Nd-Fe-B 永磁材料加工新技术及机理研究[D]. 济南: 山东大学, 2006.

[158] WASHIZU N, KATADA Y, KODAMA T. Role of H_2O_2 in microbially influenced ennoblement of open circuit potentials for type 316L stainless steel in seawater[J]. Corrosion science, 2004(46): 1291-1300.

[159] BERTHOME G, MALKI B, Baroux B. Pitting transients analysis of stainless steels at the open circuit potential[J]. Corrosion science, 2006, 48(9): 2432-2441.

[160] 杨黎晖. 镁锂合金表面化学镀, 转化膜制备及性能研究[D]. 哈尔滨:哈尔滨工程大学, 2008.

[161] KOUISNI L, AZZI M, DALARD F, et al. Phosphate coatings on magnesium alloy AM60:

part 2: electrochemical behaviour in borate buffer solution[J]. Surface and coatings technology, 2005(192): 239-246.

[162] HUANG Y S, ZENG X T, HU X, et al. Corrosion resistance properties of electroless nickel composite coatings[J]. Electrochimica act, 2004, 49(25): 4313-4319.

[163] 胡会利，李宁．电化学测量[M]．北京：国防工业出版社，2007.

[164] 曹楚南．腐蚀电化学原理[M]．北京：化学工业出版社，2004.

[165] BANCZE E, RODRI P, COSTA I. Investigation on the effect of benzotriazole on the phosphating of carbon steel[J]. Surface and coatings technology, 2006, 201(6): 3701-3708.

[166] Ni J J, Ma T Y, Yan M. Improvement of corrosion resistance in Nd-Fe-B magnets through grain boundaries restructuring[J]. Materials letters, 2012(75): 1-3.

[167] 刘卫强，岳明，张久兴，等．富钕相对烧结 NdFeB 磁体耐腐蚀性的影响[J]．稀有金属材料与工程，2007，36(6)：1066-1069.

[168] 李家节．NdFeB 磁体环境加速腐蚀行为研究[D]．北京：钢铁研究总院，2012.

[169] 孙臣，张伟，严川伟．前处理对烧结钕铁硼化学镀镍结合力的影响[J]．腐蚀科学与防护技术，2009，21(2)：212-214.

[170] 杨恒修，冒守栋，宋振纶．酸洗对钕铁硼磁体电镀镍层防护失效的影响[J]．稀有金属材料与工程，2011，40(12)：2241-2244.

[171] 李建，程星华，周义，等．酸洗工艺对烧结 NdFeB 镍电镀层结合力的影响[J]．金属功能材料，2010，17(4)：1-4.

[172] 曹立斌，曾琦勇．烧结钕铁硼永磁材料腐蚀机理及酸洗工艺对基体的影响[C]// 海峡两岸表面精饰循环经济研讨会论文集，中国宁波，2007.

[173] ZHANG H, SONG Z L, Mao S D, et al. Study on the corrosion behavior of Nd-Fe-B permanent magnets in nitric acid and oxalic acid solutions with electrochemical techniques[J]. Materials and corrosion, 2011, 62(4): 346-351.

[174] SONG Y W, ZHANG H, YANG H, et al. A comparative study on the corrosion behavior of Nd-Fe-B magnets in different electrolyte solutions[J]. Materials and corrosion, 2008, 59(10): 794-801.

[175] Zheng J W, Jiang L Q, Chen Q L. Electrochemical corrosion behavior of Nd-Fe-B sintered magnets in different acid solutions[J]. Journal of rare earths, 2006, 24(2): 218-224.

[176] EL-MONEIM A A. Passivity and its breakdown of sintered NdFeB-based magnets in chloride containing solution[J]. Corrosion science, 2004, 46(10): 2517-2532.

[177] 姜力强，郑精武．烧结钕铁硼在各种酸介质中的腐蚀研究[J]．稀有金属材料与工程，

2006, 35(3): 340-342.

[178] 周婷婷, 杜爱玲, 高宇, 等. 磷化液的 pH 值对 AZ61 镁合金锌系磷化膜的影响[J]. 山东大学学报(工学版), 2011, 41(1): 114-119.

[179] 牛丽媛. 镁合金锌系复合磷化膜成膜机理、微观结构及性能的研究[D]. 吉林:吉林大学,2006.

[180] Li G Y , Lian J S, Niu L Y , et al. Influence of pH of phosphating bath on the zinc phosphate coating on AZ91D magnesium alloy[J]. Advanced engineering materials, 2006, 8(1-2): 123-127.

[181] 刘晓辉. 钢铁黑膜磷化工艺的研究[D]. 辽宁:辽宁师范大学,2012.

[182] FERNANDES K S, Alvarenga E De A, Brandão P R G, et al. Infrared-spectroscopy analysis of zinc phosphate and nickel and manganese modified zinc phosphate coatings on electrogalvanized steel[J]. Rem: Revista Escola de Minas, 2011, 64(1): 45-49.

[183] 陈燕. 磷酸锌的合成新方法和防腐蚀涂料中磷酸盐的性能评价[D]. 南宁:广西民族大学,2012.

[184] 张姝斌. 多孔银表面润湿性的研究[D]. 大连:大连交通大学,2012.

[185] 李小兵. 仿生结构表面接触角与化学法修饰医用聚合物润湿性研究[D]. 南昌:南昌大学,2009.

[186] YOUNG T. An essay on the cohesion of fluids[J]. Philosophical transactions of the royal society of London, 1805(95): 65-87.

[187] JIANG L, WANG R B, YANG T, et al. Binary cooperative complementary nanoscale interfacial materials[J]. Pure and Applied Chemistry, 2000, 72(1-2): 73-81.

[188] DAVID R , NEUMANN A W. Contact angle patterns on low-energy surfaces[J]. Advances in colloid and interface science, 2014, 206(2): 46-56.

[189] YAO Z Q, YANG P, HUANG N, et al. Structural, mechanical and hydrophobic properties of fluorine-doped diamond-like carbon films synthesized by plasma immersion ion implantation and deposition (PIII-D)[J]. Applied surface science, 2004(230): 172-178.

[190] GUO Y Z, LI W P, ZHU L Q, et al. An excellent non-wax-stick coating prepared by chemical conversion treatment[J]. Materials letters, 2012, 72(4): 125-127.

[191] TOWORFE G K, COMPOSTO R J, SHAPIRO I M, et al. Nucleation and growth of calcium phosphate on amine-, carboxyl- and hydroxyl- silane self-assembled monolayers[J]. Biomaterials, 2006, 27(4): 631-642.

[192] 王静, 周卫强, 杨平, 等. 弹簧钢表面皂化膜结构与性能的研究[J]. 腐蚀科学与防护

技术, 2010, 22(3): 227-229.

[193] 李旭晖, 司海娟, 胡庆华,等. 不锈钢表面转化膜润湿性能研究[J]. 石油化工设备, 2009, 38(3): 28-32.

[194] Ding X, Li J J, Li MS, et al. Corrosion protection of Nd-Fe-B magnets via phosphatization, silanization and electrostatic spraying with organic resin composite coatings[J]. Surface review and letters, 2014, 21(6): 388-392.

[195] GHANBARI A, ATTAR M M. Surface free energy characterization and adhesion performance of mild steel treated based on zirconium conversion coating: a comparative study[J]. Surface and coatings technology, 2014(246): 26-33.

[196] 李永霞. 基于底漆的客车车身防腐性能研究[D]. 长春:吉林大学, 2010.

[197] 李孟龙. 金属离子对硅烷偶联剂成膜性能影响的研究[D]. 青岛:山东科技大学, 2015.

[198] ZHANG X, XIAO G Y, C. JIANG C, et al. Influence of process parameters on microstructure and corrosion properties of hopeite coating on stainless steel[J]. Corrosion science, 2015(94): 428-437.

[199] VALANEZHAD A, TSURU K, MARUTA M, et al. Zinc phosphate coating on 316L-type stainless steel using hydrothermal treatment[J]. Surface and coatings technology, 2010, 205(7): 2538-2541.

[200] 王章忠. 钢铁材料表面锰磷化膜的耐磨性研究[J]. 新技术新工艺, 2002(7): 42-44.

[201] 王章忠, 蔡璐. 磷化膜后处理与润滑状况对其摩擦学特性的影响[J]. 材料保护, 2003, 36(1): 54-55.